新国际环境下的
山东省海洋产业发展策略研究

XIN GUOJI HUANJING XIA DE

SHANDONG SHENG HAIYANG CHANYE FAZHAN CELÜE YANJIU

赖媛媛 著

中国农业出版社

农村读物出版社

北 京

本书由山东省社会科学规划基金、
青岛农业大学高层次人才科研基金资助

前言
FOREWORD

　　海洋占据了地球表面积的 70.8%，孕育了地球最初的生命，有着丰富的物质资源和空间资源。纵观历史，海洋是人类赖以生存的第二母亲，又是国家博弈的必争之地。随着陆地资源逐步紧缺，人类活动进一步向海洋延伸，海洋经济地位加速提升。

　　海洋经济承载着我国的对外开放，在国民经济中发挥着支撑功效，对国家经济的安全有保障意义，也是今后发展的重要战略。

　　海洋经济是改善民生的重要方面，是重要的"蓝色粮仓"。从产品保障角度出发，海洋渔业不断发展，养殖捕捞结构不断调整，质量效益持续提高，为社会供给的水产品种类不断递增。从能源供给以及社会保障视角出发，海洋油气田的开发，勘探的天然气、凝析油等资源，可供城市使用上百年。从生活便利度提升的角度出发，港口、码头、跨海大桥的建设，海上交通运输的发展缩短了人们的距离。

　　现如今海洋是我国经济资源流动的关键渠道，蓝色经济的发展，海上合作的强化，对国家推动经济结构的优化，构建互利互补性的发展模式有积极意义。中美贸易摩擦、新冠肺炎疫情的长期共存、贸易保护主义抬头都影响了海洋经济的发展轨迹。在全球贸易体系重构的当下，中国需要高度重视这一轮全球贸易体系大变局带来的深远影响，抓住机遇，按照"一带一路"倡议，发展21世纪海上丝绸之路，"构建国内国际双循环相互促进的新发展格局"，实现从贸易大国向贸易强国的转变。

山东省海洋经济综合实力继续稳居全国前列，是山东省经济发展的重要发力点。山东省海洋渔业、海洋交通运输业、海洋化工业、海洋医药、海洋船舶与工程装备制造业等都处于全国先进行列。但中美贸易摩擦和"逆全球化"对山东省水产品国际贸易、船舶工业、海洋交通运输等产业带来较大影响。不确定的贸易环境会给山东省海洋产业带来多个方面的压力。

产业结构方面，中美贸易摩擦使大宗商品的出口受到影响，但服务贸易未受限制，需要海洋经济发展提高第三产业的占比，注重海洋文化交流、海洋运输、海洋旅游、海洋金融服务等第三产业的创新，增强出口创汇能力。

科技方面，中美贸易摩擦使先进技术的引进遇到困难。山东省海洋生产总值虽然居全国第二位，但海洋产业结构不尽合理，高科技海洋产业并不成熟。贸易环境的改变，迫切要求山东省海洋产业进行自主创新。

不论是短期的中美贸易摩擦，还是长期不确定的国际贸易环境，对山东省的海洋强省战略的发展都有深远的影响。第一，山东省海洋交通运输业居国内首位，国际贸易环境的变化直接影响港口航运货值、货量和航线，影响海洋产业的发展。第二，山东省是我国的农业和人口大省，海洋渔业居全国首位，中美贸易摩擦影响了山东省水产品国际贸易。在不确定的国际经济形势下建设海洋牧场、夯实"蓝色粮仓"对保障全国粮食安全和社会稳定方面有着重要的作用。第三，山东省与韩国仅一水之隔，与美国、欧盟、东盟、韩国、日本等国家和地区贸易往来频繁，在军事和经济上都有非常强的战略地位。我国应对国际新形势，势必对山东省特别是海洋有新的部署。第四，不确定的外部环境使得山东省海洋产业正在进行的新旧动能转换更为紧迫和重要，也对山东省海洋产业的结构调整提出了更高的要求。世界正处于百年未有之大变局，海洋产业的国际环境发生了变化，这使得山东省海洋产业正在进行的新旧动能转换更为紧迫和重要，也对山东省海洋产业的结构调整提出了更高的要求。

本书出版的目的在于分析山东省海洋产业在不同结构层次和不同贸易环境下的发展重点，分析中美贸易摩擦背景下山东省海洋一二三产业的应对措施，探讨实现其发展的政策和制度设计。面对突如其来又不可避免的中美贸易摩擦，山东省海洋产业应积极应对，迅速做出反应，及时制定出有效发展方略。从海洋强省战略出发，针对中美贸易摩擦对山东省海洋产业带来的影响，提出战略调整方向，进一步分析山东省海洋产业的具体应对措施，为山东省海洋产业的发展提供政策依据和理论指导。

本书主要分为三个篇章，第一篇为经验篇，含1～2章。首先回顾了美、日、英等国家海洋意识发展历史，结合史料勾勒出典型国家海洋产业由弱到强的发展轨迹。随后具体记述了第二次世界大战后美国海洋产业的发展，并对其海洋经济发展经验做了总结。最后分析了国内广东、浙江、江苏等海洋强省的海洋经济发展情况。通过列举和描述中外海洋产业的发展的历史案例，学习国内外海洋经济先进地区，借鉴其发展经验。

第二篇为战略篇，含3～4章。通过统计数据展示山东省海洋产业的发展现状，分析其发展特点及总体问题。之后分析山东省海洋产业发展所面临的不确定的国际环境，根据产业价值链理论，将海洋产业分为价值链高端产业和价值链低端产业。根据市场开放程度将国际市场分为贸易自由市场和贸易保护市场，分析海洋产业在不同市场环境下的发展战略，讨论山东省海洋产业"双循环新发展格局"下的应对方略。

第三篇为战术篇，含5～9章，主要以创新为主线，分析山东省一二三海洋产业特别是重点产业应对未知环境的具体发展措施，制定科学的发展方案，研究具体实现海洋产业的结构升级、技术合作、自主创新的政策、配套等内容。

著　者

2022 年 8 月

目录

CONTENTS

第1章
DIYIZHANG

▶▶▶

典型国家海洋意识和
海洋产业的发展

1.1 英国海洋经济发展脉络

1.1.1 早期海洋意识的觉醒

作为偏居西欧一隅的海岛小国，四面环海的自然地理条件造就了不列颠民族的独特气质，他们凭借着得天独厚的海洋资源在岛上繁衍生息，对海洋的依赖与日俱增，虽然这种与生俱来的海洋意识是无形的，但带给不列颠民众的却是无远弗届的力量支持。这一时期的不列颠人在英伦三岛的附近海域开展了积极的探索活动，他们通过对周边自然地理环境的了解逐渐意识到，海洋是不列颠生产和生活资料的重要来源，国家发展的重心开始由局促的陆地转向广袤的海洋。公元前 55 年，一群跨海而来的拓殖者打破了岛上的平静，凯撒击败凯尔特人成为英伦三岛的主人，由此拉开了英国被殖民被侵略的历史序幕。在接下来的几个世纪里，不列颠先后经历了盎格鲁撒克逊、维京人、诺曼人等不同外来民族的洗礼，来自各个民族的海洋文明不断地交汇融合，使得高涨的海洋氛围在这片土地上发轫和成长。纵观这一历史时期，海洋意识几乎成为每一位英国人与生俱来的本能，"他们对海洋的热爱是一种渗透到血液里的脉动"，而这种全民性的海洋意识也在英国日后崛起过程中起到了弥足轻重的作用。

1.1.2 面向海洋（15—16 世纪）

1. 百年战争推动英国转向海外发展

1066 年，威廉成功征服英格兰成为国王后，依然拥有诺曼底的土地，这就意味着威廉同时拥有诺曼底公爵和英国国王的双重身份。在英国看来，英格兰只是一个被征服的海外国度，而一海之隔的陆上王国才是他们真正的家园，这种维持领土的迫切心情激起了英国国王及其臣民们的强烈斗志，而法国国王作为这片土地上的最高领主，又决定着法国绝不会袖手旁观地承认这一事实。最终，两国之间的领土的冲突发展成了不可调和的矛盾，一场旷日持久的"百年战争"由此拉开序幕。

1453 年，这场民族之间的主权与领土之争以英国的失败而告终，英格兰人不得不"退出欧洲"回到不列颠岛，谋求大陆特权的企图和野心也随着战争的惨败走向式微。欧洲大陆上最后一块土地的丧失迫使英国开始面对现实，重新审视自己岛国的地位。在一番调整后，英国彻底地放弃了觊觎欧洲大陆的野心转而专心经营国家的海洋事业，充分利用海洋资源和海上地理优势发展海洋经济，积极拓展海外殖民地以此确立了海洋扩张的新方向。

2. 文学作品开阔了英格兰人的眼界

百年之战后的重新思考让英国主动选择成为海岛，英格兰民众对大陆的依恋情结就此消失殆尽。此时，海洋对于英格兰的意义发生了质的改变，它已经不再是横亘在英格兰与欧洲大陆之间的障碍，也绝不仅仅意味着战争和杀戮；一时间，海洋变成了财富与机遇的象征。其实这种海洋观念的转变极大程度上得益于这一时期的文学著作对民众海洋意识的提升。16 世纪后半期，英国一些学者、探险家以及海洋事业的推动者在对国内外形势做出分析后一致认为，国家海洋事业的发展离不开海洋探险活动的实施，唯有与海洋建立起一种流动性的动态关系，才能不失时机地把握住国家崛起的重要机遇。因此，以理查德·哈克鲁伊特为代表的有志之士们开始致力于海洋文学方面的创作，力求通过自己的作品来推动英国海洋事业的发展。他们首先将英国历代的航海事迹进行收编整理，清晰地向国民展示了英国数百年来的航海成就，唤起了英国国民强烈的海洋认同感，从文学层面宣传海洋文化，海洋意识得到了广泛的推广。随后，另一部分学者开始翻译大航海时代的史料和书籍，这些重要的资料被引入英国后很快得到了人们的青睐，航海的知名度也随着书籍的传播不断扩展，使得一股崇尚海洋的热浪席卷英国的各个角落。总之，这些文学作品适时地出现再一次唤起了英国民众的海洋意识和对海外探险事业的憧憬，有力地说服英国决策者对海洋展开新一轮的探索尝试。

16 世纪 50 年代末，英国正处在风雨飘摇的危急时刻，经济拮据，贵族没落，物价昂贵，民众混乱，深陷战争泥潭。这对于刚刚上位的伊丽莎白女王来说无疑是个挑战，一方面解决国内问题亟须复苏国民经济，另一方面摆脱国际上的威胁又必须加强国家实力，两个选择不得不让伊丽莎白把目光投向民间力量，通过支持海盗的劫掠活动来实现英国国际地位的巩固和国家的发展。一时间，海盗开始成为英国国家利益的维护者，成为正义的化身。英国女王对海盗采取了恩威并施的手段，在镇压一些海盗活动的同时又暗中施行纵容政策，将这群亡命之徒打造成累积国家资本和对抗西班牙强权的利器。

海盗们的劫掠活动迅速为英国政府聚敛到了一笔巨额财富，不仅改善了财政拮据的状况，而且还推动了国内经济的繁荣。随后，一些集侵略和商业掠夺于一身的贸易公司相继建立，利用殖民掠夺开拓了英国海上贸易通道和贸易市场，给西班牙人的大西洋商业帝国来了猛烈的一击。与此同时，私掠活动又推动了英国造船和海运业的发展，在 16 世纪 70 年代以前，英国海外贸易以小型商船为主，缺少适用于远洋航行的船只，海上劫掠活动的兴起为英国造船业的发展提供了契机。出于对远征和劫掠活动的需求，英国的商船总吨位不断提高，1572 年的商船总吨位只有 5 万吨，1629 年提升至 11.5 万吨。1571—1576 年共计构建了 51 艘适合远洋航行的百吨以上的船只，12 艘超过 200 吨的船只。此外，私掠活动还培养了一批经验丰富的船员，他们凭借高超的航海技术开拓全新的航海线路，对所经之地进行了详细的文字记录，绘制出了精准度超越官方的航海地图，为日后英国远洋贸易和海运事业的发展提供了重要借鉴。

1.1.3　海外殖民成为海上强国（17—19世纪）

17世纪，荷兰成为继葡萄牙、西班牙之后的海上霸主，其航海贸易的优势地位和日渐膨胀的霸权野心无一不触动着英国的海外利益，而这种来自荷兰的威胁几乎遍及英国在全球范围内的殖民和贸易。在东方，英国东印度公司受到荷兰人的排挤活动范围十分有限；在北美殖民地，在地中海和西非海岸，英国势力也遭到了同样的打压和排挤；在西方，荷兰船封锁了英国与波罗的海诸国的贸易通道，导致英国造船业严重缺乏生产所必需的木材、树脂等原材料。最让英国人无法忍受的是，荷兰在英国附近水域大肆捕捞鱼类资源，随后转销至英国市场以牟取巨额利润，进一步对英国的捕鱼业造成冲击。最终，英荷在贸易、渔业和航运业等方面的较量使两国关系逐步尖锐化。为摆脱荷兰的海上霸权威胁，英国决定向荷兰发起挑战。英荷两国在二十年间历经三次大战，终以荷兰惨败宣告结束。英国迅速夺得制海权，保住了岌岌可危的航海业和造船业，而荷兰则在战争中元气大伤，再也无力与实力强大的英国相抗衡，"海上马车夫"从此退出北美大陆，属于荷兰的海洋霸主时代宣告落幕。

自西班牙和荷兰衰落后，英国基于巩固霸主地位以及扩大殖民范围的需要，开始把斗争的矛头指向能与之相抗衡的法国。在漫长的一个多世纪里，英国一面利用海上优势对法国进行打击封锁，在欧洲大陆上组织支持各国反法联盟，先后占领了加拿大、路易斯安那的一部分、佛罗里达以及法国在印度的大部分殖民地。英国利用庞大的殖民地所创造的财富完成了资本的原始积累，而这些巨额资本也在由量变向质变的高效转化中成为工业革命的催化剂。18世纪末19世纪初，英国工业率先进入"蒸汽时代"。工业革命使机器大生产代替手工劳动，手工业者变为产业工人，推动了英国从传统农业社会向现代工业社会的变革。工业革命奠定了资本主义现代化发展的物质技术基础。工业革命开展以后，产业结构重心从轻工业渐渐向重工业、交通运输业扩展，一大批制造业城市、交通枢纽城市及港口城市如雨后春笋般地建立起来，这批城市工业基础的强化在一定程度上又为海洋经济发展注入了活力，使得造船业、航运业、海洋机械等众多海洋产业在这一阶段都得到了发展和支持，加强了英国对海外殖民地的统治，造就了英国"日不落帝国"巅峰时刻。

1.2　日本海洋经济发展脉络

1.2.1　被迫发展期（1640—1867 年）

1. 海洋大门被迫打开

17 世纪初，日本社会秩序稳定，商品经济逐步发展，民众对海外丝织物等奢侈品需求量大增，随着各地银矿相继开发，国内白银产量迅速上涨，为海外贸易积累了大量的货币资本。由于打破葡萄牙对日贸易的垄断和与中国商船在东南亚进行第三地贸易的需要，德川家康时期设立了朱印船制，即持有"渡海朱印状"者才被准许进行海外贸易的制度，也由此开创了日本—东南亚的贸易航线，日本海运事业取得了较大的进步。17 世纪 30 年代，幕府禁教和锁国政策更加严厉，朱印船贸易日渐萎缩。1635 年，幕府全面禁止出海贸易，废除了盛极一时的朱印船制度，日本从此进入长达两个多世纪的闭关自守时期。海上交通的被迫阻断，使得日本国内经济因缺少资本积累出现迟滞，海洋经济和航海事业也相继呈现滞后状态。19 世纪中叶，最早发展现代工业的欧美国家，为了原材料和市场，早已将美洲、非洲、中东以及印度沿海地区的土地瓜分殆尽，开始积极谋求向东亚发展。在黑船来航之前，日本以中国为榜样，也实行闭关锁国政策，只和中国和荷兰进行有限的海上贸易。1853年"黑船事件"发生，美国海军准将佩里迫使日本打开贸易大门，并依靠武力胁迫日本签订条约、夺取其部分海洋权益。"黑船事件"让日本清楚地认识到力量、利益乃至危机都来自海上，近代海洋观念伴随民族国家意识应运而生，日本开国向海的意志更加清晰和坚定。

2. 日本的海洋意识形成与初步发展

日本是个傍海而居的国家，特殊的自然条件使其民众世世代代享受着来自海洋的馈赠和蓝色文化的滋养，国民海洋意识随着日本的发展已初具雏形。17世纪，凭着对海洋强烈的依赖，日本越发渴望向海洋寻求更多的利益和财富，并意识到国家和民族的生存发展都仰仗于海洋，必须充分利用海洋资源和自然地理条件来发展海洋经济。与此同时，日本审视海洋的视角和视野范围逐步向深度和广度双向扩展，预示着日本的海洋意识正朝着更高层次迈进。

邻海岛国的自然地理环境促使日本当权者十分注重其统治疆域，在统治者强烈要求下，日本海洋学家们开始投入对海洋勘探测量和地理资料收集的工作中，绘制和编纂出了许多具有重要价值的地图和著作。德川时期，高桥景保受幕府委托编著《日本边界略图》一书，书中首次对"日本海"一词做出了明确界定。江户时代，伊能忠敬花费17年时间测量了从虾夷地到九州的广大区域，并指挥团队绘制日本全国地图。日本在这一时期的成就不仅是指国家对海域确权工作的初步开展，而是体现在统治者能够从自然空间的视角审视日本海域的初步意识。

自"黑船事件"发生后，日本在海洋认识中逐渐地纳入和吸收更多的"世界元素"概念，视野范围从国内拓展到国外、由单向转为多向。在国内一些知识分子的主张下，日本开始学习海外诸国长技以致用。幕末，德川幕府招聘荷兰海军教官团构建长崎海军传习所，是日本首个近代海军教育机构，传习所开设外语、军舰应用、航海术等多类科目，为日本培养了大批掌握近代海军制度和舰船运用知识的专业人才，他们不仅为日本海防建设做出了巨大贡献，还成为日后日本海洋经济发展的动力之源。

1.2.2　日本海洋经济发展的黄金时期（1868—1893 年）

1. 为推动海洋经济及产业发展进行的实践活动

在"海洋兴国"战略的指引下，明治政府形成了独具特色的海洋经济发展路径，即"以经济体制改革为依托，积极发展海洋经济，最终打破欧美国家对日本的海洋贸易垄断"。自 1868 年起，明治政府开始设立专门的海运业机构，日本港口建设和船舶修造业得到了发展支持；同时，日本明治政府大力扶植半官半民的海运公司，鼓励私人海运业，其中，占据优势的三菱公司深受明治政府的青睐，政府对它的投资堪称扶植中的典例。为确保国家的经济利益和及时夺回海运控制权，明治政府大力扶植三菱公司，每年向其投资大量资金并下拨官船数十余艘。在政府支持下，三菱日益壮大，先后在日本沿海航运中击败美、英，独占了日本至上海的航线，为日本在日后海洋经济布局过程中赢得了更多的主动权和话语权。

1894 年中日甲午战争爆发，在海外扩张战略的刺激下，日本迎来了海洋经济发展的黄金时期。日本利用武力威胁攫取了中国大量的资源与财富，借助与清政府签订的《马关条约》勒索白银共计 2.3 亿两，在很大程度上帮助日本摆脱了资本积累先天不足的困境。日本政府将这些巨额战争赔偿用于资本主义工业的发展，并积极拓展在海洋运输业、制造业、化工业等众多海洋产业的投资范围，逐步形成了新型的海洋产业布局。按照《马关条约》规定，中国开放沙市、重庆、苏州、杭州四个港口并为日本提供在通商口岸设厂的权利，这一权益的攫取实现了日本扩大商品市场和延伸商业资本的迫切愿望，满足了帝国主义资本输出的需要。随着中国市场大门的进一步打开，日本贸易出口额与日俱增，出口的扩大同时又牵动了相关海洋产业部门的新增和扩建，极大满足了日本对海洋资源开发和发展海运事业的诉求。

2. 海洋意识逐步推进

明治维新之后，日本政府愈发强化对"海洋国家"这一身份的认同，对海洋的重视使得日本的海洋意识得到了极大的推进。在此后的海外扩张中，日本当权者愈发认识到海军实力的强弱势必会影响其海上权力的扩张，只有控制海洋并壮大海军力量才能维护和拓展自身的生存空间。因此，在19世纪后期，日本借助国家权力加速推进海军建设、设置海军省，日本海军实现完全意义上的独立；兴办海军学校，通过外派留学生和聘请外籍教员加快人才交流的国际化；建造军舰并在扩张战争中获得制海权。此外，日本在发展海军增强自身海上力量的同时，又积极推进海洋开发计划的实施，充分实现了海洋经济崛起与海洋扩张意识的充分耦合。

1.2.3 滞缓调整时期（一战至二战期间）

第一次世界大战爆发期间，日本政府需要一边应对国内政治动荡、社会秩序混乱的局面，一边又要顾忌海外扩张战略的需要，扩张欲望和自身实力的冲突成为棘手难题，来自国内国外的双重压力为日本即将到来的经济危机埋下伏笔。诚然，第一次世界大战起初是为日本现代化发展带来了天佑良机，在经济上表现出"战争景气"的繁荣局面，即贸易、海运、造船业等工业都实现了飞跃式的发展。但是好景不长，日本经济在经历了短暂的繁荣后开始低迷不振，逐渐跌入谷底，战后经济危机一触即发，再加上接踵而至的关东大地震，更是把原本已经萧条的日本经济推向无底深渊。

第二次世界大战太平洋战争期间，日本经济形式再度恶化。政府为争夺海上霸权和维持战争所需，着力发展重工业以制造军需武器，甚至不惜牺牲民用企业，导致国内产业结构发生剧变，国民生活一度陷入困境。由于制海权和制空权的接连丧失，日本军舰商船损失惨重，运送生产原料以及生活物资的海上要道被迫阻断，原本支撑国民经济发展的海洋经济一时间停滞不前。在这种艰难的处境下，日本发展海洋经济可以说是步履维艰，但从未放弃对外扩张部署框架下的海洋开发战略。

1.3　美国海洋经济发展脉络

1.3.1　美国海洋意识的发展

1. 对海洋认知的初级阶段（1776—1890 年）

1776 年，北美 13 州殖民地代表召开大陆会议，通过了《独立宣言》并正式宣布美利坚合众国成立。建国初期的美国羽翼未丰，国家力量甚是微弱，与综合实力雄厚的英国相抗衡更为力所不逮。为遏制美国发展壮大，英国一面虎视眈眈地注视着美国的一举一动，一面给美国的发展设置障碍，以免日后成为其强劲对手。独立战争期间，英国携裹其制造业和商业优势打击美国经济，限制美国商品出口，同时向美国大量倾销英国货物，导致美国商品出口量急剧下降，海外贸易逐渐衰败，导致海运和有关海洋产业发展停滞。

面对国内外的严峻形势，"孤立主义"政策成为美国生存和发展的唯一路线。孤立主义者主张，海洋是美国的护城河，美国的生存和发展都离不开海洋的保护，无需关注世界其他区域的相关事宜。他们害怕独立的成果会因再度卷入欧洲的战争中而付诸东流，所以把浩渺海洋作为一道天然保护屏障，进而忽视了海上通道的重要性，对海洋的肤浅认知在一定程度上抑制了国家海运事业的发展。18 世纪末 19 世纪初，英法两国再次卷入战争，作为遏制法国计划的一部分，英国大量俘获美国船只并强征美国海员。随后，美国国会在 1807 年通过了《禁运法案》，意在破除英国的贸易封锁以免卷入英法之战。这场没有硝烟的"禁运"战争尽管给英法经济造成了一定压力，却也带来了美国自建国以后的第一次经济萧条，海洋经济的崩溃成为压垮美国海运事业的"最后一根稻草"。

2. 以积极的姿态拥抱海洋（1891—1914 年）

19 世纪末 20 世纪初，在第二次工业革命的助推下，重工业和新兴产业得到充分发展，企业规模迅速壮大，生产与资本的高度集中为垄断的出现创造了必要条件。在接下来的数十年间，垄断组织在世界范围内持续扩散和蔓延，使各主要资本主义国家相继进入垄断资本主义阶段，逐步向帝国主义发展。

"垄断时代"的大门被人类开启后，作为垄断资本高度发达的国家——美国面临着开拓海外新市场的迫切需求，扩张战略问题亟待提上日程。就在历史转折的紧要之际，军事历史学家马汉凭借着敏锐的洞察力和独到的战略眼光提出了"海权论"。"海权论"的问世为美国海外扩张勾画出了一幅宏伟蓝图，马汉通过发表大量的论著，积极把美国引向海洋并为美国海外扩张指明了目标和方向。他在"海权论"中着重强调一国海洋综合实力的重要性，因为在他看来，一个国家对海洋控制和利用的总体能力的提升是使其成为海洋强国的关键。19世纪末，美国政府迅速将这一指导性理论付诸实施，初步确立了"以美国为中心，依托海洋向世界拓展"的海洋扩张战略。

1898年美国为夺取古巴、菲律宾等地发动美西战争，由此拉开了海外扩张的序幕。同年7月，美国正式吞并夏威夷，控制了联结美国与亚洲的重要通道，此举极大地满足了美国想要建立"太平洋商业帝国"的强烈愿望，为进一步向亚太地区的扩张活动奠定了基础。20世纪初，美国与巴拿马签订《美巴条约》，获得了开凿和经营巴拿马运河的特权，运河的开通为美国开辟出一条完整通畅的海上贸易大道，让美国在与欧洲国家的太平洋贸易竞争中抢占优势地位。纵观这一时期，美国海洋贸易与海外扩张计划的结合是实现繁荣强盛的必需，与此相适应的是美国航运业及船舶制造业在政府的支持下得到蓬勃发展，所以在一定意义上"海权论"对海外扩张的刺激是美国海洋经济发展的直接驱动力。

诚然，美国对海洋价值的发掘远远不限于此，海洋意识的觉醒才是时代带给美国最有价值的礼物。19世纪末，美国经济实力的增长以及与其他海上强国力量对比优势的显现，使美国愈加意识到，仅一味地把海洋当作保护屏障势必会影响整个国家的命运走向，于是期盼脱离"孤立主义"，在时代的倡导下发展海洋经济。新时代形成的新需求离不开新理论的支撑，马汉的"海权论"正是人们呼唤新理论的结果，它的出现改变了整个国家对海洋的认识，对广大民众海洋意识的培养产生了潜移默化的作用，美国开始视海洋为国家强盛之道，由此迈向了海洋强国之路。

3. 两次世界大战期间海洋经济缓慢发展（1915—1945 年）

（1）带有军工色彩的舰船业。1914 年，第一次世界大战的爆发对人类来说无疑是一场世界性的灾难，虽然美国远离欧洲主战场，但是战争的强劲威力很快在其经济、政治领域显现出来。没有人会热衷于战争，但是美国部分金融领域以及商业领域的人士主张，战争是美国发展未来经济的机会，对美国制造业获取世界市场也是一次千载难逢的机会。事实证明，他们是正确的。美国正是充分利用了这场战争带来的商贸契机，为美国的经济注入了大量新鲜血液，迅速成为世界市场的重要工厂。但这里需要加以说明的是，并不是所有的工业都在第一次世界大战期间得到了发展，战争主要是对军事工业的影响较大，尤其是带有浓厚军工色彩的舰船工业。基于早期国家经济利益诉求的实现，美国政府决定把造船业放在优先发展位置，仅在 1915—1919 年的 5 年中就增设钢船建造厂三十余家；随后，美国海军部与造船委员会达成了大规模扩大军用和商业舰艇的计划，美国船舰吨位数由 1916 年的 32.5 万吨增加到 1918 年 130.1 万吨，整个造船业在战争刺激下迅速形成了庞大的生产规模，发展前景一片向好。可是好景不长，1929—1933 年出现了世界资本主义的经济危机，其间召开的两次裁军会议令美国不得不削减对舰船订货数量。从 20 世纪 30 年代开始，美国发展舰船工业的步伐逐渐放缓，并且始终停滞在一个较低的发展水平。这一窘迫局面一直持续到第二次世界大战爆发才得以缓解。第二次世界大战时期的美国在科学技术的带动下，工业与科技潜力一齐迸发，使得长期处于低迷状态的美国造船业重新焕发生机，进而达到了前所未有的巅峰状态。

（2）初具规模的海洋科研体系。20 世纪 30 年代，坐落在美国东海岸的伍兹霍尔海洋研究所正式宣告成立，并在发展初期和之前构建的斯克里普斯海洋研究所（1903 年），以及之后构建的拉蒙特地质观测所（1949 年）共同开展了水声技术、水下爆破等一系列关于海洋基础性的研究，开创了海洋调查的"电子装备"时代。美国海洋科研人员在海洋技术领域的突破和对海洋进行的探索勘察活动，不仅使美国在后来的海洋资源开发过程中更加游刃有余，而且还为美国现代海洋科学技术的发展创造了条件。除此之外，这一阶段的海洋调研为美国海洋油气领域挖掘了巨大的发展潜力，科考人员先后在加利福尼亚州、路易斯安那州和阿拉斯加州近海处发现了丰富的油气资源，海洋中蕴藏着的巨大利益把美国人开发利用海洋的热情更加彻底地激发了出来。

4. 海洋自由与可持续发展（1946 年至今）

进入 20 世纪后，生产力不断提升，民众的活动范畴持续拓宽，挖掘运用资源的程度持续提升，全球环境污染以及生态环境持续恶化，陆地资源减少，民众不得不重新审视人地关系，注重海洋对人类的影响。20 世纪 60 年代之后，美国构建了海洋补助金计划，推进海洋教育活动的发展，在大学教育中构建了海洋科学及有关领域的课程，培训各位教师，促使他们有效地运用和海洋以及海洋开发内容有关的素材。

2000 年，美国国家科学基金会为推动海洋教育的发展，聚集了许多专家学者，探讨了怎样强化海洋教育，构建了遍布全国的海洋教育网络，以提升国民的海洋意识水平。2003 年，美国发表了报告《美国的活力海洋》（*American Living Oceans*），表述了在中小学课堂中进行海洋教育对美国海洋大国发展的重要意义。2004 年，美国发布了《21 世纪海洋的蓝皮书》（*An Ocean blue print for the 21st Century*），在其中提到组织海洋教育，面向所有美国人，并且指出了海洋教育能够强化公众的海洋认知，提高他们的海洋环境意识，有助于培育新时代的海洋人才。美国还明确了中小学海洋教育的原则，为全美海洋教育的普及创造了条件。除此之外，美国的中学教育中提到在基础教育中，地理这一学科属于核心课程。

在一些争端问题上，美国的处理呈现出注重战略定位、手段灵活等特点：一方面，其对争端涉及的岛礁利益的理解植根于海权战略思想，在处理时注重地区海洋布局和安全秩序的构建，综合平衡长短期利益；另一方面，强调海洋软实力建设，利用争端的处理影响海洋规则，追求海洋话语权。这些策略和考量有一定的启发意义。

为保护其商业贸易，维护其海洋霸权，美国一直秉持"海洋自由"政策。第一次世界大战前，欧洲仍是全球经济的中心。"自由海洋"主要用来保护商贸活动。第一次世界大战后，老牌海洋强国逐渐势弱，而美国依靠战争期间的积累综合国力不断提高，美国借助"海洋自由"原则与英国等海洋强国争夺海洋霸权。第二次世界大战后，美国国力更加强盛，俨然成为"世界警察"。利用所谓的"海洋自由""航行自由"等说辞践踏国际海洋法、侵犯他国主权，宣扬自己的世界霸权，严重威胁世界和平。

很明显，美国政府的海洋政策是"美国优先"战略思路在海洋领域的主要表现。这一举措注重搜集海洋资源，把海洋资源的挖掘以及运用当成着手点，为美国经济发展以及就业提供服务，不仅如此还十分注重保护海洋环境，但是在全球海洋治理责任的担负层面还存在很大问题，会对全球海洋治理造成消极影响。因为全球海洋是相互连通的，海洋环境的保护以及改善需要全社会共同努力，各个国家需要齐心协力，解决海洋生态环境恶化的情形，规避全球性生态危机，充分利用大国作用。

步入21世纪，人类进入了大规模开发利用海洋的时期。海洋是全球海洋国家提高实力，彰显综合实力的关键。我国是海洋大国，但并不是海洋强国。现如今我国近海渔业资源稀少，对海洋资源的挖掘以及利用程度不高，水平较差，并且海洋环境的安全面临巨大的风险。我国需要学习海洋强国海洋发展的经验，做好我国海洋开发利用的顶层设计。探究近期美国政府出台的相关海洋政策，可以得出以下结论：①在进行海洋开发和利用过程中，必须同时进行海洋生态环境的保护和修复。海洋生态环境的保护和修复是海洋经济可持续发展的保证。二者需要协调发展。②海洋开发利用需要科技和知识的武装。重视海洋科学知识以及信息化的提升，重视海洋开发技术和设备的研制，提升海底测绘能力、建模能力、开发能力，从技术层面支持海洋经济活动和环境保护。在掌握海洋以及沿海生态系统的前提下，进行海洋系统的综合开发和治理。③培育全民海洋意识。从小进行海洋教育，构建海洋科学的全方位教育体系，培育蓝色人才。推动政府、企业、社会团体以及全体国民在海洋方面的充分合作，广泛调研、正确决策、协作配合，宣传海洋文化，培育海洋意识，让海洋事业成为全民参与的事业。就像《美国国家海洋科技发展：十年愿景》提及的，"美国的经济福祉和科技领域在全球居于领导地位，主要是因为其认识了海洋的规律，有着训练有素的蓝色劳动力。这使美国能够适应未来海洋开发的需求，创造更多的产能和岗位，推动国家繁荣"。

我国正处在建设海洋强国的时期，在发展海洋经济，保护海洋环境的过程中还需要主动参与全球海洋治理，这对我国海洋强国的建设有积极意义，提高在全球治理实践过程中的引领功效。

1.3.2 美国海洋产业的发展

美国的国土面积高达 983 万千米^2，属于海洋大国，海岸线长度总计 19 924 千米，领海面积为 1 218 万千米^2，有丰富的海洋资源，也是全球海洋资源挖掘运用最早的国家，开发程度最高。1920 年，美国就启动了对其沿海油气田的商业性开采。20 世纪 70 年代以后，美国政府意识到了海洋的价值，愈发注重海洋产业的发展，先后组织了多元化产业活动，例如海水淡化、海上油气、海水养殖、海底采矿等，美国逐步转变为海洋经济强国，实力充足。

1. 美国主要海洋产业的构成

（1）美国海洋经济及产业分类。美国在国家海洋经济计划（NOEP）中明确阐述了"海洋经济"的详细内涵，即依靠海洋货物及其资源作为对生产活动的产品和（或）服务的直接或间接投入和利用海洋地理位置，在海上和水下进行的经济活动部分。基于对海洋相关经济活动数据的连续性和可获得性的保证，美国学者在前期基础理论研究的基础上，依据北美产业分类体系（NAICS）完成了对相关海洋经济活动的归纳分类，同时又从产业和地理两个不同角度对海洋经济进行了综合性的分析与归纳：①产业活动在定义上明确表现出与海洋关联性的；②产业活动与海洋部分相关，但所处的地理位置属于滨海区的（如海岸带城镇旅馆），皆属于海洋经济的范畴。按照北美产业分类体系，美国将海洋经济细分成了六个部分，分别是旅游与休闲娱乐业、交通运输业、矿业、船舶修造业、生物资源业和建筑业六大部门。其他部分海洋产业和地区由于受到了数据信息的一致性和可获得性等条件的限制，暂且不包括在美国国家海洋经济计划之中。

（2）海洋经济概况。历经多年发展，美国海洋经济不断进步。作为一个极具弹性的增长点，美国海洋经济正在由国民经济所提供的市场机遇下迅速成长壮大，成为美国经济的重要组成部分。

美国海洋经济在 2016 年凭借 154 000 个商业机构创造了许多就业岗位，总计 330 万个，创造的商品以及服务总计高达 3 040 亿美元，在全球就业人数以及国内生产总值中所占比重是 1.6%。2005—2016 年美国海洋经济发展总体呈上升趋势，但期间也出现了不同程度的波动。第一次较为明显的波动是受 2008 年的金融危机影响，导致美国海洋生产总值在 2009 年出现了较大幅度的下滑。据统计，2009 年美国就业增长率从上年的 0.3% 下跌为 −4.2%，同年海洋产业平均工资增幅也从 2008 年的 5.9% 急剧下降到 −0.8%。并且这种状态一直持续到 2010 年才有所转机，具体表现为海洋经济中的各项指标均出现止跌企稳的明显趋势，海洋经济迎来了相对平稳的发展阶段。次年，经过不断地摸索和政策调整后，美国海洋经济终于实现了对衰退前经济水平的赶超，之后一路稳步向好。第二次出现明显下滑发生在 2015—2016 年，由于海洋油气价格和产量都发生了不同程度的波动，致使海洋生产总值受到影响并做出反应。

但就整体而言，截至 2016 年，美国海洋经济生产总值比 2007 年高出 18.8 个百分点，海洋经济就业人数比 2007 年增加了 14.5

个百分点。所以，无论是国内海洋经济生产总值，还是海洋经济就业总人数与衰退前的水平相比都实现了跨越式的发展。

从海洋产业各部门增加值的总体趋势看，2005—2014 年位居美国前三的海洋产业依次为海洋矿业、旅游与休闲业、海洋运输业。其中，旅游与休闲业发展速度较快，2015 年的产业增加值超过同期海洋矿业的增加值，在美国各个产业中位居首列。海洋矿业受其主导产业——海洋油气业的影响，产业增加值的波动趋势大致与海洋生产总值的变化同步，2015—2016 年受油价及产量驱动作用的影响，海洋矿业增加值出现大幅下跌。和美国第一、二大海洋产业变化比较，海洋运输业排在第三位，并且是不断递增的，几乎没有较大幅度的波动。此外，排在后三位的海洋产业分别为海洋生物资源业、造船业、海洋建筑业，增速相对迟缓，在海洋经济中占比之和约为 12％（2016 年数据）。

（3）主要海洋产业。

①海洋交通运输业。NOEP 将这一产业部门细分成了五个行业，分别为海上乘客运输、深海货物运输、海洋运输服务业、仓储和搜救与航海设备。截至 2016 年，美国海洋交通运输业就业人数和生产总值分别占据美国海洋和五大湖地区总数的 14.3％和 21.2％，人均工资高达 7 万美元，成为海洋经济中人均工资最高的行业之一。尽管该行业在海洋经济中占比小于旅游休闲和海洋矿业，但是在海洋经济中依旧占据着重要位置。

最近几年，随着对外贸易的持续增加，使得港口经济成为美国海洋交通运输业发展的直接助推剂。据相关数据统计，仅 2017 年通过美国港口进行的外贸总额就达到了 16 000 亿美元（该数据不包括港口进出货物本身的价值）。受贸易赤字的影响，美国的贸易进口额（11 000 亿美元）远远超出出口额（5 270 亿美元），进口贸易对海洋交通业起着更为显著的促进作用。美国加利福尼亚州拥有全国最大的港口运输业，在海洋运输部门中，约 25.1％的国内生产总值由加利福尼亚州提供，极大满足了美国西海岸与世界其他地区间的贸易需求。

②旅游与休闲业。以美国 2016 年的国内生产总值来衡量的话，旅游与休闲业约占海洋经济总量的 41%。这个部门所包含的业务广泛，NOEP 将与其相关的海洋娱乐活动划分为滨海餐饮服务、酒店住宿、水上观光等九个不同的行业。滨海餐饮和酒店住宿是行业中最大的两个部门，其他各产业均占比重较小。但需要特别说明的是，由于与这个部门有关的许多活动（如住宿、餐饮等）并不总是海洋依赖型的，因此，只有毗邻海岸的企业所提供的相关数据才属于美国海洋经济统计的范畴。

2016 年，旅游与休闲业提供的就业岗位比 2015 年增加了 7.3 万个，占据海洋经济就业增长的大部分，行业雇佣人数超越其他五个行业的总人数，是真正意义上的劳动密集型产业。同时，该行业出现了与产业类型相适应的低工资模式，究其主要原因，是因为许多海洋娱乐活动受到季节特性的影响，使行业雇主不得不吸纳大量的临时雇员，特别是以青年学生为主的雇员群体常常被当作这一季节性就业的最佳选择。

除了产业活动的季节性以外，旅游与休闲业还存在另一重要特征，国家为吸引更多的游客专门设置了许多免费的沿海便利设施，使得这部分最具吸引力的海洋娱乐活动不能直接创造或者极其低效地创造满足社会需的就业岗位、工资水平和生产价值。然而，这些"非市场"特性又通常被当作全部市场活动的关键驱动因素，在海洋经济中起着不可替代的重要作用。

③海洋矿业。海上矿物开采涵盖了石油和天然气的勘探和开采以及沿岸海域的石灰岩、沙子和砾石的开采。作为最早勘探和开采海底油气的国家，其海洋矿业现已成为国内规模最大的海洋产业之一，也是海洋产业中人均 GDP 和工资最高的产业。据统计，2016年，美国海洋矿业贡献产值占国家海洋生产总值的 26.4%，累计吸纳就业人员 13.2 万人，平均每位员工年收入 15.3 万美元，约为全国平均工资水平的三倍。海洋矿产本身属于资本密集型产业，近海矿物的开采在项目研究、基础设施和操作设施等方面都需要进行大量投资，同时，部分勘探工作在开展过程中又带有一定的危险

性，所以这就要求雇员们必须具备更加专业的职业技能以及灵活规避风险的能力，也就进一步抬高了行业的整体工资水平。

油气资源的勘探和开采是该领域内的主导产业，美国海洋油气资源主要来自墨西哥湾、阿拉斯加半岛和加利福尼亚外侧的三大海域，2016年年度产值占据国内生产总值的97.7%。此外，对石灰岩、沙子和砾石的开采作业通常是为了支持国内的建筑活动，并借助建筑活动的广泛性在美国沿海各州广泛分布。一般来说，开采石灰岩和砾石的产量在一些经济发展规模大且海岸线延长的地区（如华盛顿特区、得克萨斯州、加利福尼亚州等）越加丰富。

④海洋造船业。这一部门主要包括建造、维修、修理船舶、商业渔船、游船、轮渡和其他海洋船舶。2016年，造船行业增加值约为175亿美元，共吸纳就业人数15.79万人，分别占据美国海洋和五大湖地区总就业的4.8%和全国海洋生产总值的5.8%。其中，仅造船、维修和修理船舶部门就为行业贡献了就业的82.7%和增加值的83.5%。

海洋造船行业的一个重要特点是集中性高。由于行业对雇员人数有着较高的需求，它们往往聚集在全国几个地区。美国各州的小型船舶维护和修理服务分布均衡，商业捕鱼以及休闲船舶十分活跃。

⑤海洋生物资源业。海洋生物资源部门主要指的是海鲜加工、海鲜贸易、水产养殖以及商业捕捞。2015年，在美国海洋经济和五大湖地区经济中，海洋生物资源业发展仅占海洋总就业的2.7%与海洋生产总值的3.7%，也是海洋行业中平均工资第二低的行业。然而，值得特别强调的是，与美国的高产农业发展相似，虽然这个部门所占比重较小，但却提供了整个国家所需的海鲜供给，行业在国民生活中的影响力不可小觑。

这一部门的主要特征是，高度依赖于海岸生态系统的健康水平。沿海海域是海洋鱼类的栖息地和捕食的场所，也是贝壳类动物的主要栖息地。海洋生态系统的健康水平被许多生产活动所影响，所以对海洋、沿海以及陆地资源组织合理的开发、利用以及管控意义重大。此外，海洋生物资源业的另一显著特点还体现在，个体经营者是海鲜捕捞活动的主力军。尽管渔船出海作业需要较多数量的船员，但这些船员通常不受雇于船主，他们只是为了得到更多的渔获而从事这份工作。据统计，在全国范围内的海洋产业中，约有一半的工人为个体经营者，他们以从事鱼类捕捞为主（而不是海鲜加工和销售）。基于对这个原因的考虑，美国国家经济和大气管理局已开发了一个补充数据集，即自雇工人（ENOW），该数据来自人口普查局编制的非雇主统计数据。2016 年，自营渔民创造了54 371 个工作岗位，使生物资源行业的工作总数超过了 142 000 个。

　　⑥海洋建筑业。在 2016 年美国海洋和五大湖地区经济中，海洋建筑业共吸引就业人员 4.5 万人，占海洋就业总人数的 1.4％；年增加值为 64 亿美元，占海洋生产总值的 2.1％。产业员工平均工资达 7.2万美元，远高于全国平均工资水平（5.4 万美元）。虽然海洋建筑部门是六大主要海洋产业中规模最小的一个产业，仅占海洋经济的一小部分，但它却是海洋经济中不可分割的重要组成部分，疏浚航道和海滩修复严重影响海洋运输行业以及休闲娱乐行业的发展。

　　海洋建筑部门主要负责疏浚航道、海滩和河口修复、码头建设等有关的繁重建设活动。这些建设活动的开展又受到众多外部因素的制约，如天气状况造成的侵蚀和沉积的影响，联邦政府和地方政府对项目资助的力度等，往往都会导致活动结果的差异性。随着大型港口疏浚和海滩修复项目的启动和完成，海洋建设活动的态势并未稳定，变动幅度显著，但是为了有效保护企业商业机密，部分体量较小的海油气管道建设不反映在 ENOW 海洋经济数据中，所以政府支出的决定往往覆盖了总体经济状况，成为影响总趋势的主导因素。

2. 美国海洋经济发展特点

　　（1）海洋经济。美国海洋经济增加值由 2005 年的 2 383 亿美元增长为 2016 年的 3 039 亿美元，海洋经济年平均增长率为2.5％。美国海洋经济虽在整体上呈现出上升的良好态势，但期间出现了两次明显波动。

　　第一次较为明显的波动是受 2008 年爆发的金融危机的影响，美国进入了自第二次世界大战以来最严重的衰退时期，这场全国性的经济衰退对海洋经济的影响逐步显现。其中，就业率是能够反映危机影响的最具代表性的指标。据统计，2008 年美国就业增长率由上年的 2.9％下跌至 0.3％；2009 年就业增长率更是从 2008 年的 0.3％下跌为－4.2％。整个海洋产业的平均工资水平也出现了持续大幅下降的情况。并且这种状态一直持续到 2010 年才有所转机，具体表现为海洋经济中的名义 GDP、工资、就业等各项指标均出现止跌企稳的明显趋势，海洋经济进入衰退后的平稳阶段，美国开始走向缓慢的经济复苏时期。第二次出现明显下滑发生在2015—2016 年，究其根源是，国际原油市场上供过于求的局面没有得到缓解，供给过剩造成库存不断累积，使得现货生产压力变大，导致石油价格不断下跌；而且部分高成本产能由于长期亏损，面临着被淘汰的命运。美国海洋经济由于受到石油价格和产量的波动的影响，因此出现了持续性的下滑趋势。

海洋经济增加值占美国 GDP 比重变动幅度稳定，大致在区间1.8％～2.0％以内（表 1-1、表 1-2）。

表 1-1　美国海洋经济增加值占全国 GDP 比重

单位：%

年份	2005	2006	2007	2008	2009	2010	2011	2012
占比	1.87	1.95	2.04	2.02	2.01	1.83	1.84	1.90

数据来源：张耀光，刘锴，王圣云，刘桓，刘桂春，彭飞，王泽宇，高源，高鹏：《中国和美国海洋经济与海洋产业结构特征对比——基于海洋 GDP 中国超过美国的实证分析》，《地理科学》，2016 年第 11 期，第 1614-1621 页。

表 1-2　美国海洋经济增加值占全国 GDP 比重

单位：%

年份	2005	2006	2007	2008	2009	2010	2011	2012	2013	2014	2015	2016
占比	1.82	1.91	2.0	2.25	1.92	1.91	1.90	2.07	2.17	2.10	1.80	1.62

数据来源：根据美国国家海洋和大气管理局相关数据整理和计算。

（2）海洋产业。

①海洋产业构成发生改变，旅游与休闲业成为海洋经济的支柱性产业。2005—2014 年位居美国前三的海洋产业依次为海洋矿业、

旅游与休闲业、海洋运输业。2015 年旅游与休闲业的产业增加值
超越同期海洋矿业的增加值，2016 年该产业部门累计创造产值
1 242 亿美元，约占海洋经济总值的 41%，成为美国第一大海洋产
业，也是美国增长速度最快的产业。

　　美国海洋旅游产业之所以有如此大的进步，其原因在于：一
方面，随着国民整体生活水平的上升，人们消费支出结构逐渐发
生改变，越来越多的人参与到休闲旅游活动中来，这为美国海洋
经济释放出更多的活力。另一方面，自 2012 年起，美国首次将
旅游与休闲业提升为国家战略。美国总统奥巴马签订了落实《国
家旅行和旅游战略》的总统令，指明了国家旅游和休闲业发展的
长期目标，截至 2021 年底，美国每年平均吸引的入境旅客数量
高达 1 亿人，年均消费高达 2 500 亿美元，与此同时，积极鼓励
国民在境内的旅游消费。近些年，美国积极落实旅游与休闲业优
先发展的战略地位，无论是从旅游管理体制的建立健全，还是基
础设施的完善以及服务效能的提高，均能展现其飞跃式的进步和
发展（图 1-1、图 1-2）。

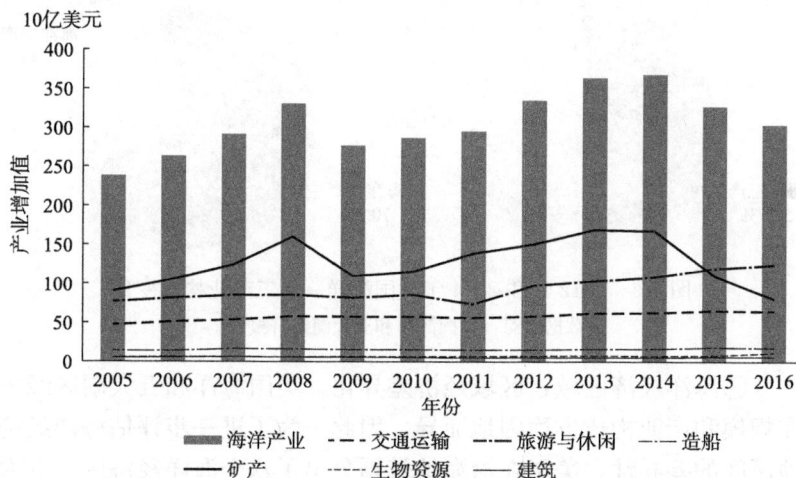

图 1-1　2005—2016 年美国海洋产业增加值变动情况
数据来源：美国海洋和五大湖经济报告。

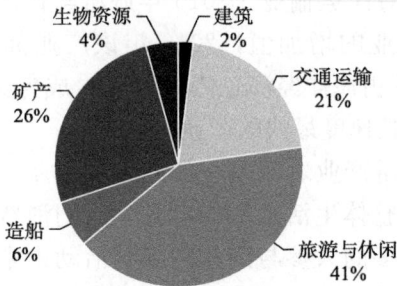

图 1-2　2016 年各海洋产业占海洋经济总产值比重

数据来源：美国海洋和五大湖经济报告。

②海洋产业结构日趋高度化与合理化。从海洋经济的整体规模和产业结构特征来看，美国海洋经济正处在一个快速发展且逐步优化的阶段，具体表现为：第一产业与第二产业总比重出现明显下降，第三产业比重大幅增加，海洋产业出现第三产业化趋势（图 1-3）。

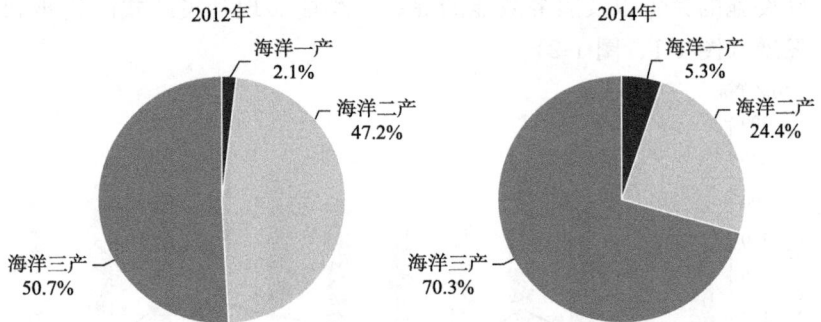

图 1-3　2012 年和 2014 年美国海洋一二三产业构成变化

数据来源：美国海洋和五大湖经济报告。

③海洋经济区域：区域经济差异化。美国海洋和五大湖区经济在规模和产业构成方面因地而异，因此，为了进一步评估海洋经济地区间的差异性，美国在沿海地带划分出了八个海洋经济区：五大湖地区、东北地区、大西洋中部、东南地区、墨西哥湾区、西海岸、北太平洋（阿拉斯加）和太平洋（夏威夷）。每个海洋经济区

都各具特色，例如，墨西哥湾区主要发展以近海油气勘探开采为主的海洋矿业、建筑业，使得该地区海洋国内生产总值（GDP）位居榜首；西海岸以港口为核心的交通运输业聚集，占全国海洋运输业国内生产总值（GDP）的近三分之一；阿拉斯和夏威夷地区经济对海洋经济的依赖程度相对较高；除墨西哥湾区和阿拉斯加地区以外，其他经济区内的休闲旅游业都占据较大比重等，具体数据见表 1-3。

表 1-3　2016 年美国海洋经济区增加值及海洋产业构成

单位：10 亿美元,%

经济区	海洋 GDP	占全国海洋 GDP 比重	海洋经济 GDP 占该地区 GDP 的比重	各主要产业所占比重					
				工程	生物	矿产	船舶	旅游	交通
五大湖地区	19.0	6.3	0.6	2	2	2	5	58	30
东北地区	19.3	6.4	2.0	1	10	—	15	50	19
大西洋中部	57.2	18.8	1.6	2	3	1	6	60	28
东南地区	24.7	8.1	1.3	3	3	—	4	67	23
墨西哥湾区	104.0	34.3	4.2	2	2	67	4	14	11
西海岸	62.1	20.5	1.9	3	5	5	8	47	32
阿拉斯加	8.6	2.8	17.1	1	13	69	—	12	5
夏威夷	8.6	2.8	10.2	3	2	—	1	86	8

数据来源：美国海洋和五大湖经济报告。

3. 美国海洋经济发展策略

（1）美国海洋经济研究的起源。20 世纪 70 年代，许多发达国家对海岸带实行过高强度的利用和开发，致使人口、资源、环境、生态等一系列社会问题接踵而至。为此，欧洲的一些海洋国家相继开展了多种形式的海岸带管理工作，并针对出现的问题提出了相关解决方案。直到 1972 年联合国人类环境大会的召开，人们才逐渐意识到海岸带自然因素间的相互影响作用，从而使得"综合管理"这一观点逐渐被更多的国家接受和应用。同年 10 月，美国出台了《海岸带管理法》（CZMA），是全球第一个综合性的海岸带管理法规，其出现不仅为美国海洋事业掀开了崭新的一页，对美国乃至全世界的现代海岸带管理发展都产生了重要推动作用。

《海岸带管理法》中提出了四项基本的国家海岸带管理政策，具体内容包括如下。

①维护、保护和开发具有增值潜力的国家海岸带资源。

②鼓励和帮助各州制定和实施海岸带管理规划，并达到国家规定的标志。

③鼓励公众、联邦有关涉海机构、各州政府及地方机构相互合作，积极参与海岸管理规划的编制以及落实。

④鼓励对国家级重要自然资源的保护，鼓励对危险区生命及其特征性进行的改良性保护，保证海岸带经济的持续增长。

美国国会依据这些基本政策，还制定了若干条的实施标准和措施。《海岸带管理法》实际上是批准了一个由联邦政府和州政府共同合作的国家海岸带管理项目。即由联邦政府向沿岸州提供资金援助，设立在各州的 CM 项目要符合《海岸带管理法》中向合作州所提的基本要求，同时，按照法案中"联邦一致性"的条款，联邦代表机构及其批准的活动要在可预见后果的范围内进行，以实现与州立项目间的统一协调。总之，《海岸带管理法》的出台既全面、科学地解决了海岸带资源开发造成的影响以及相关的社会经济和生态环境问题，同时又加快推进了沿海地区经济社会的可持续发展。

（2）以海洋生态系统为基础的综合管理策略。2001 年 9 月伊始，在国际新形势和新秩序的影响下，美国海洋政策委员会对美国出台的海洋政策以及法规等展开研究。两年多的时间里，美国相继组织了 9 次地区性会议以及 16 次听证会，委员会实地考察了美国沿海岸线及五大湖周边地区，共计 18 次，了解了海洋和海岸带综合管理与利用层面急需应对难题的相关资料。美国海洋委员会在 2004 年 4 月 20 日出台了《美国海洋政策初步报告（草案）》的文件，并向美国各州州长以及其他社会各界人士征求意见。基于各方提供的修改意见证词，委员会对《美国海洋政策初步报告（草案）》进行了调整和完善，在 2004 年 9 月 20 日提报国家海洋政策报告给国会和总统，被称作是《21世纪海洋蓝图》。

《21世纪海洋蓝图》分别从九个部分进行了论述：①海洋是国家资产的重要组成部分，也是国家资产当前所面临的挑战；②提议促进国家海洋管理体制改革，加强联邦部门机构建设和领导职能作用的发挥，最终实现各地区水域管理的协调；③加大对海洋教育和研究方面的投入，实行全民终身海洋教育，持续强化民众的海洋意识；④强化沿岸及流域的部署以及管控，推进海洋经济增长以及资源保护的协调发展；⑤构建健全的国家水质量监测网络，采取各种措施降低海洋污染和保护海洋水质；⑥对海洋生态系统组织评估，强化对海洋资源的保护以及运用，深层次构建科学的可持续性海洋产业；⑦倡导编制国家方针，深化海洋科学知识，构建综合海洋观测体系，促使海洋科技水平不断提升，强化民众认识海洋的能力；⑧主动参与国际海洋事务，充分利用在国际海洋政策编制过程中美国发挥的重要功效；⑨构建海洋政策信托基金，通过加大投资力度来满足各种海洋政策的资金需求。

《21世纪海洋蓝图》是美国对以往海洋工作组织的最全面、最彻底的回顾，是对海洋政策高度凝练和总结后所提出的伟大举措。为了确保这一重大战略从蓝图转变成现实，美国政府在 2004 年 12 月出台了《美国海洋行动计划》，明确了美国海洋蓝图的落实部署。《计划》明确了海洋行动的六大要点。

①提高海洋领导地位，增进海洋协调。

②加强对海洋、海岸和五大湖的了解和认识。

③加强海洋资源的利用和保护。

④科学管理海岸及其流域。

⑤加大对海洋运输的支持力度。

⑥积极推进国际海洋政策的编制。

《21世纪海洋蓝图》以及《美国海洋行动计划》是美国在世界新形势下做出的重大举措，它改变了美国三十年来一直执行的海洋战略和海洋政策，不仅对美国海洋本身的综合管理，而且对全世界的海洋领域都产生了积极而又深远的影响。

（3）国家海洋经略意识的全方位贯彻。2010 年美国总统奥巴马签署了第 13547 号总统令，正式批准了由白宫环境质量委员会提交的《海洋、海岸带和五大湖国家管理政策》报告。报告以促进海洋经济的可持续发展为目标，明确提出了美国海洋、海岸带和五大湖区管理及决策的原则和行动依据；成立了美国最高层政策指导和协调机构——国家海洋理事会和区域咨询委员会，对国家海洋经济政策、安全、气候变化以及海洋空间规划等重大问题进行协调，以此保障国家管理政策的顺利实施；完善并发展了美国前期的海洋管理政策，集中体现了当前国家在海洋领域的最新研究成果。这是美国国家综合性海洋政策，也是指导美国海洋进一步发展的指南。

此后，根据之前出台的《国家海洋政策》，美国国家海洋委员会又发布了《国家海洋政策执行计划》，详细阐述了美国在海洋经济、海洋安全、海洋和海岸带恢复适应能力、各地方选择以及科学与信息支持等方面将要采取的行动和要求，旨在提振美国海洋经济、改善海洋健康状况、强化海洋安全，为科学决策提供更完善的科学与信息支持，对美国海洋事业的发展具有重大的指导意义。

在海洋经济层面，《国家海洋政策执行计划》明确指出，海洋、海岸带和五大湖不仅是国家财富的一部分，也是美国经济增长的强大助推剂。据统计，2010 年美国海洋活动 GDP 贡献值约 2 580 亿美元，累计提供就业岗位 280 万个。为了进一步实现海洋经济的可持续发展，《国家海洋政策执行计划》要求联邦政府各涉海部门在不改变现有分工和预算分配前提下，密切部门间的协作配合，合力解决海洋经济的重点问题。需要重点解决问题如下。

①提高测绘与制图能力；提高数据与信息收集、加工以及服务能力；建立健全海洋观测系统，为相关海洋产业提供强有力的信息和数据支持。

②改革审批程序，减少涉海产业向联邦部门提出申请过程中的资金和时间消耗，大大提高决策效率。

③通过保护和恢复滨海湿地、珊瑚礁等自然生态系统增加就业

机会和经济价值，尽量避免因环境退化而造成的就业减少和经济损失。

④大力培育高素质的海洋从业人员，提供优质的教育资源，吸引广大青年学生进入海洋研究领域，不断充实国家海洋人才队伍。

（4）维护国家海洋利益，走海洋科技强国之路。2018 年，美国总统特朗普签署了名为《促进美国经济、安全和环境利益的海洋政策》的行政令，将"开发利用海洋资源，推动海洋经济发展"作为美国最新的海洋施政方针，取代了奥巴马执政时期"保护脆弱海洋环境"的海洋政策。行政令以维护美国国家利益为出发点，明确指出，海洋、海岸带和五大湖区在推进国民经济、社会健康发展以及国际竞争地位的稳固等方面都起着至关重要的作用；海洋产业为美国提供了数以百万的就业岗位，成为当前国家强有力的经济支撑；来自联邦水域的国内能源的生产和开发，能够有效缓解美国对进口能源的依赖，并且可以借此来强化国家的安全保障；行政令还要求各涉海部门和机构要积极参与到各项海洋活动中去，加强与工业、科技等其他海洋利益相关者的协调与合作，共同维护美国的海洋利益。

同年 11 月，美国总统特朗普还签署了由美国国家科学技术委员会（NSTC）发布的题为《美国国家海洋科技发展：未来十年愿景》的文件，文件明确了 2018—2028 年美国海洋科技合作与发展的新愿景，并对未来十年国家海洋科技发展的战略目标与优先研究领域做了进一步的规划。是对过去十年发展海洋科技的经验和成果的总结及延伸，也是对未来十年海洋优先研究领域和发展战略目标的进一步筹划落实。

《未来十年愿景》阐述了未来美国海洋科技发展的五大目标，主要内容如下。

①了解地球系统中的海洋：A. 加快海洋研究领域的基础设施的研发；B. 充分利用大数据分析，深入挖掘海洋价值；C. 开发地球系统模型，加深对地球系统内海洋的了解；D. 促进研发成果转化应用，提高运营能力。

②促进经济繁荣：A. 拓宽海产生产领域，缩小海产品贸易逆差；B. 推进海洋矿产资源的勘察工作，查明关键矿物的来源；C. 加大对潜在能源的开发和利用；D. 维持海洋生态平衡，保持海洋经济平稳增长；E. 提高全民海洋意识，促进蓝色劳动力培养教育。

③确保海上安全：A. 密切关注北极环境及自然资源变化；B. 实现对海洋领域的实时实地监测，提高海洋环境保护和海洋安全意识；C. 加强海洋科技在海洋运输系统中的灵活应用，以支持完善海上运输的管理与安全。

④保障人类健康：A. 减少和降低塑料污染；B. 通过最先进的科学技术对海洋毒素和病原体进行预测，防范海洋污染物的潜在风险；C. 减少有害藻类；D. 积极勘探发现，实现天然产品的广泛应用。

⑤发展恢复力强的沿海社区：A. 针对极端天气和自然灾害等突发性事件，提前做好应对措施以及必要准备；B. 降低商业、旅游休闲等其他因素所带来的风险和漏洞；C. 赋予地方一定的决策权力，提高当地抗干扰能力，从而促进沿海社区的弹性发展。

1.3.3 美国海洋经济发展的经验总结

1. 美国海洋经济发展过程中存在的弊端

（1）联邦政府涉海部门协调乏力。美国联邦政府和州政府在区域性海洋管理方面采取分权管理的形式，其责任的分担主要体现在，由联邦政府负责向州政府、地方部门提供资金和技术上的支持和帮助，进行方针政策的协调；州政府以及地方部门则需要对近海资源和环境实行更加具体化的管理，因此需要承担更大的责任。但是，这种责任分担制度的弊端迅速显现，美国联邦政府不仅需要加强对全国各组织、各行业海洋管理部门的横向协调，更要加强对沿海各州以及地方的纵向协调。一方面是对沿海各州和地方区域的纵向协调，另一方面是极力维护纵向与横向之间平衡状态，使得联邦政府任务愈加艰巨，涉海部门由于协调乏力而逐渐打破这种均衡状态。

（2）海洋政策缺乏连贯性，海洋管辖权交叉重叠。一方面，美国海洋管辖区域落实参照行政边界细分的模式，例如，某一海洋区域的产业发展以及资源管理可能由若干个州政府共同负责，同一区域的海洋污染防治以及环境质量监测为多个联邦或多个涉海组织共同管理执行，正是由于美国海洋政策连贯性的缺乏，导致海洋管理工作无法跨地区、跨部门、跨行业进行有效的协调，使海洋管理的工作效率大打折扣。另一方面，美国沿海海岸带以及海洋经济区由联邦二十几个机构以及上百项联邦法律协作管控，虽然各个部门都有各自的职责分工，但是受政府管理部门和区域行政管理叠加的影响，经常会出现职责分工模式，职权重叠的情形；除此之外，各不相同的政府部门的工作内容以及利益趋向有很大差别，人为划分管理权限，导致同一管辖地区的各个海洋管理主体在行政划界内各自处理相关事务，海洋管辖区域逐渐被肢解破碎，严重损害了国家海洋管辖区域的整体发展。

（3）涉海法规存在相互冲突之处。自 1972 年起，美国以部门为基础相继颁布了许多涉海法律，例如《海洋哺乳动物保护法》《濒危物种法》《资源养护和恢复法》《渔业养护与管理法》等，但这部分法律法规在制定和执行过程中也存在一定的弊端，针对某种海洋资源的开发保护在规定方面出现差异化，使得该法律条款不仅无法协调不同行业、组织间的争端，并且导致原本的矛盾不断加深。比如在以上提到的法律条例中，没有把海洋生态系统当成是不能缺少的统一整体，忽略了食物链中掠食者与被掠食者、海洋哺乳动物和鱼类的影响。并且这部分法律条例忽略了涉海法律落实过程中海洋渔业组织以及环境组织的连贯性，受到不同部门间利益限制影响，即便海洋渔业组织十分重视海洋哺乳动物以及濒危物种，其也会因没有法律授权和保障而无法发挥其管理保护作用；而海洋环境组织虽然对海洋哺乳动物和濒危动物充满热情，但是并未重视落实《渔业养护和管理法》。

2. 美国海洋经济发展经验启示

（1）发挥政府在海洋政策的制定和实行过程中的主导作用。历届美国政府重视海洋策略的制定和实施。1969 年美国颁布《我们的国家与海洋》政策报告中指明了规模开发海洋的行动要求。1972年，《海岸带管理法》成功颁布，是全球首个综合性的海岸带管理法规。2004 年，美国《21 世纪美国海洋经济政策》颁布，向世界展示了 21 世纪美国海洋事业发展的宏伟蓝图。2010 年，奥巴马总统签署行政令并颁布《国家海洋政策》，着手开展全面而综合的、以生态系统为基础的海洋空间规划和管理。纵观美国海洋政策的制定过程，政府在其间发挥着主导作用，这主要得益于美国政府超前的海洋经略意识，这种经略意识在海洋发展的多方领域中都实现了贯彻运用。

所以，国家需要借助政府超前的经略意识，发挥政府海洋战略及相关政策的制定和施行中的主导作用，才得以正确引导国家海洋发展政策的主流方向，保障国家方针政策在海洋事业中的贯彻落实。同时，也为巩固传统海洋产业、发展新型的海洋事业提供了相应的指导，更是强有力地保证了国家海洋经济的长期稳步发展。

（2）促进海洋产业结构高度化与合理化。近些年，美国滨海休闲旅游业得到蓬勃发展，据统计，2016 年美国滨海休闲旅游业累计创造产值 124 亿美元，约占海洋经济总值的 41%，提供就业岗位 240 万个，是美国增长速度最快、吸纳就业人口最多的产业。在海洋利用方面，滨海休闲旅游业逐步取代海洋造船业、海洋交通运输业等其他传统方式，发展成为新的经济增长点。以滨海休闲旅游业为代表的第三产业的快速崛起，一方面意味着居民生活消费水平和能力的提升，需求日益旺盛；另一方面，反映出海洋产业结构的高度合理化，重点发展结构内部的优势产业，充分发挥支柱性产业所创造的经济效益和社会效益。

在建设海洋经济过程中，政府应该保证海洋产业结构协调且有重点的发展，要避免盲目追求产业规模和经济产值，把发展集中到产业内部比例合理性上来。同时，针对海洋一二三产业制定不同的发展策略，构建海洋产业"三二一"的最优布局，通过对海洋产业结构的不断调整与优化，最终实现海洋经济发展水平的整体提升。

（3）坚持海洋资源和环境的保护性开发。美国在海洋经济发展过程中曾多次面临海洋资源衰退，生态环境恶化以及海洋生物多样性锐减等一系列的海洋难题，海洋生态系统与海洋资源的健康发展逐渐成为美国政府和海洋各界人士所关注的焦点。奥巴马执政期间，美国政府与海洋界就当前海洋开发面临的危机与机遇达成共识，即必须充分考虑自然资源、生态环境与人类活动间的相互联系，必须基于生态系统来审视其在海洋事务中的利益以及利益相关者的政策。此后，奥巴马政府成立了一个专门提供海洋政策方面建议的工作小组，来协助国家海洋政策的制定，以期实现美国海洋利益的全面协调发展。与此同时，奥巴马政府密切关注海洋新能源产业发展，积极倡导海洋能源利用的绿色化，通过生物质能、风能、潮汐能等新能源产业的开发，推动沿海海洋经济的低碳化发展。

因此，在海洋经济发展的过程中，要坚持保护生态环境为先的原则；要加强对海洋生态环境污染的预防预测管理，加大污染源的治理和监督力度；要学会统筹规划，在近海开发，填海造田、港口基础设施、沿海城镇建设等项目施工前，务必做好污染检测和评估作业，时刻从维护海洋长远利益出发。人类现持有的海洋危机究其源头皆是不合理地开发和利用，只有采用保护性开发的经济策略并从源头上扼制这些问题的产生和蔓延，才能彻底扭转海洋资源衰退和海洋环境退化的趋势，从而实现海洋环境资源管理与经济发展间的良性平衡。

（4）优先支持海洋高新技术的研究与应用。鉴于国家整体经济结构和自身优势，美国现已将发展海洋经济的重心集中到科学技术领域，把争夺和保持海洋科技世界领先地位作为基本国策。2004年，美国海洋政策委员会在《21世纪海洋蓝图》报告中提议，政府应加大对海洋科技资金和人力资源的投入，满足国家海洋科技发展的最低要求；建议制定增强海洋科学知识的国家战略，不断提高海洋科技水平。据不完全统计，美国拥有科技研究实验室700多个，聘雇的科学家和工程师占国家总人数的五分之三（2012年数据）。政府每年投入上百亿美元专项资金，用于海洋科技领域的研究与开发；又根据不同海洋项目及不同地区的资源禀赋，有针对性地设立了一批科学研究机构和海洋科技园区，以加快海洋科技成果集成创新和产业化的进程。

科技是推动海洋事业长足发展的直接根源。因此，政府必须充分意识到先进科学技术在国家海洋发展过程中的先导作用，必须利用强有力的技术和人才优势推动海洋高新技术的研发，加快科技成果的转化与应用，最终实现海洋经济"深蓝化"的发展。

国内海洋产业发展借鉴

2.1 广东省海洋产业发展

2.1.1 广东省海洋经济发展现状

广东省位于中国大陆南端，拥有我国最长的海岸线，全省海岸线长达 8 500 千米，占据着全国海岸线的 1/3，是太平洋、印度洋、大西洋航运的中枢，此外与中国香港、中国澳门地区毗邻，同时面对着东南亚地区，自古以来就是我国对外贸易和发展海洋经济的"窗口"，更是被称为海上"丝绸之路"的重要起点。

海洋是高质量发展的战略要地。习近平总书记在致 2019 中国海洋经济博览会的贺信中深刻阐释了海洋对人类社会生存和发展的重要意义，进一步指明了发展海洋经济的方向。2019 年，《粤港澳大湾区发展规划纲要》《关于支持深圳建设中国特色社会主义先行示范区的意见》成功颁布，都对广东省的海洋经济发展工作作出了重要部署和指导。

从广东省自然资源厅发布的《广东海洋经济发展报告（2020）》中可以看到，截至 2019 年，广东省海洋生产总值已持续 25 年位居全国第一，2019 年全省海洋生产总值高达 21 059 亿元，同比增速为 9.0%；与此同时，广东省的海洋经济占据了全省生产总值的 19.6%，在全国海洋生产总值占比重中更是高达 23.6%。

2015—2019 年，广东省海洋生产总值每年都保持了 9.0 个百分点以上的增速, 2019 年广东省全省海洋经济生产总值与 2015 年相比大幅提升, 增速达到了 45.8 个百分点 (图 2-1)。

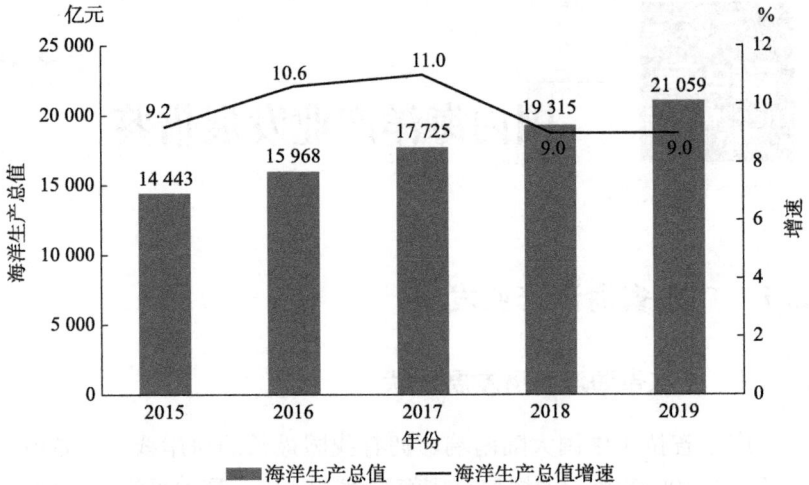

图 2-1　2015—2019 年广东省海洋生产总值及增速
数据来源: 广东省自然资源厅《广东海洋经济发展报告 (2020)》。

从这些资料和数据可以看出, 广东省依靠独特的区位优势, 其海洋经济在我国海洋经济中有着举足轻重的地位, 广东省的海洋经济已成为广东全省经济发展的重要一环。

2.1.2　广东省海洋产业结构

2015 年广东省海洋一二三产业的结构比为 1.8∶43.1∶55.1, 2019 年则变化为 1.9∶36.4∶61.7, 四年时间, 广东省海洋第二产业所占的比例和同期相比呈现下滑的态势, 跌幅为 6.7 个百分点, 与此同时, 海洋第三产业所占的比例和同期相比呈现递增的态势, 涨幅为 6.6 个百分点, 海洋第三产业在广东省海洋经济发展中的地位不断突出, 海洋产业的第三产业发展趋势在广东省海洋产业发展中颇为显著 (图 2-2)。

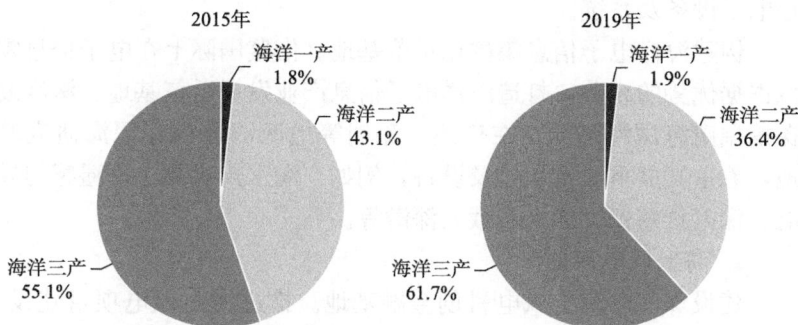

图 2-2　2015 年和 2019 年广东省海洋一二三产业构成

数据来源：根据广东省自然资源厅和广东省统计局相关数据整理。

2.1.3　广东省海洋产业未来发展规划

2020 年广东省颁布了《广东省加快发展海洋六大产业行动方案（2019—2021 年）》，其中提到广东省的海洋产业发展涉及六种产业，分别是海上风电、海洋电子信息、海洋生物、天然气水合物、海洋工程装备、海洋公共服务。广东省海洋产业的目标是截至 2021 年，构建完善的产业发展指标体系，确保产业发展的质量，实现产业增值 1 800 亿元，年增速在 20％以上，在广东省海洋生产总值中占比 8％，创建 2～3 个产值在千亿元级以上的产业集群，为当地现代化沿海经济带的建设以及粤港澳大湾区的发展奠定基础。

1. 海洋电子信息产业

突破一批水下电子信息核心技术。培育一批涉海电子信息装备技术占据有利位置的龙头企业。鼓励它们和国内外海洋电子信息研究机构合作，构建重点工程实验室。推动军民融合技术运用。

提升船舶海洋工程电子设备的研发制造水平。推动水面电子信息产业发展，重视船舶和海洋钻井平台等载体，促进电子设备趋于高端化、国产化、智能化。强化机舱、航行、装载等系统自动化研发以及运用，鼓励研制舰船智能终端、船用导航雷达、船舶海洋工程电子设备及系统。

构建海洋电子信息集群化示范基地。借鉴国际上在电子信息领域占据优势的企业，打造海洋电子信息产业发展示范基地。深度勘探挖掘南海深海资源，在广州、深圳等地区部署构建深海研究基地，着重发展重要技术以及设备，例如，海水声探测、洋遥感与导航、深海传感器、无人和载人深潜等。

2. 海上风电产业

建设珠三角海上风电科创金融基地。推进海上风电项目建设。鼓励国内外风电科研机构、整机和关键零部件配套企业创建风电设备研发联盟、工程实验室和研发中心。打造广东海上风电大数据中心。研制深海漂浮式海上风力发电成套设备，重点突破长距离输电等关键技术。不断探索，构建海上风电全生命周期研发公共平台以及台风多发领域试验场。借助国家级平台，例如，深圳前海新区、广州南沙新区、珠海横琴新区、中山火炬高技术产业开发区等推动海上风电金融产品的发展，创新并培育海上风电金融业务。

构建粤西海上风电高端装备制造基地。依靠阳江海上风电产业基地打造海上风电培训中心。参照相关部署，选取合适的地址构建海上风电总装以及储运码头，确保其规模化以及专业化，构建海上风电装备出运母港。推动阳江、湛江等市海上风电项目建设。

构建粤东海上风电运维基地以及整机组装基地。在汕头市、揭阳市以及汕尾市分别构建海上风电整机组装基地、海上风电运维基地、和海上工程及配套装备制造产业基地。推动揭阳、汕尾、汕头等市海上风电项目建设。

3. 海洋生物产业

传播海洋生物医药重点领域的研发和应用。集中力量发展创新。学校和企业相互合作研发功能性海洋生物制品，例如，海藻多糖类以及肽类等，研发海洋创新药片，主要有抗肿瘤、抗心血管疾病、抗感染等药物。

构建海洋生物产业服务平台。推进湛江、广州、深圳等城市建设海洋生物医药研究技术管理平台，创新孵化器，推进靶向药物、抗结核药、病原生物核酸检测、鱼类高效疫苗等重大科技项目储备和研发成果转化。打造海洋生物医药中试平台,建立海洋生物基因种质资源库。

构建海洋生物产业集聚区。及早建设广州南沙国家科技兴海示范基地、深圳国际生物谷大鹏海洋生物园,大力发展中山、珠海以及东莞等地区的生物科技基地和产业园区,推进粤东、粤西等地海洋生物产业的集聚化。运用现代化工业装备组织深远海养殖,推进构建深水网养殖产业群,涉及珠海、汕头、阳江、湛江等地区。

4. 海洋工程装备产业

构建高端海洋工程装备产业集群。利用技术合作、收购、引进专利等方式,积极与世界一流装备厂商或研发机构深化合作,攻克海洋工程装备的核心问题,组建智能海洋工程国际产业联盟,形成在智能海洋工程层面的合作体制。鼓励发展一批高技术、高精尖、前沿企业,形成具有国际竞争力的海洋工程装备产业集群。

建设海洋工程装备产业科技创新平台。积极吸引和培养海洋工程装备科技创新人才,在深圳、珠海及中山等城市筹备智能海洋工程装备研发中心。在深圳建设海洋工程装备国家级海试基地和评估体系;在广州建设国家级智慧海洋创新研究院;在珠海展开无人艇与智能船舶测试和海上综合测试场建设。

推动高端海洋工程装备产品的发展。发展海洋工程装备技术,例如,浮式生产储卸装置、深水半潜平台、12 缆深水物探船。构建绿色智慧型移动浮岛示范工程,深入挖掘深海载人潜水器、深远海养殖平台、海洋可再生能源以及矿产资源开发装备,做好示范运用。

5. 天然气水合物产业

勘察好开采先导试验区的建设工作,了解先导试验区天然气水合物矿体储量,设计基本的地质数据图。重视开采控制技术、资源区块优选、小井口系统。构建工程公司,集天然气水合物勘探、钻采、开发、储运、服务等于一体。

加强核心工程技术攻关。推进天然气水合物钻完井、井场和环境监测、试采装备安全保障等关键工程技术攻关。积极配合国家有关部门及其机构，推进天然气水合物钻采船码头及岩心库、广州海洋地质调查局深海科技创新中心基地、天然气水合物勘查开发国家工程研究中心构建。

构建基础设施配套基地。充分发挥广州、深圳市的核心作用，推进基础设施建设，例如，支持服务基地、集成配套基地、天然气水合物开发总部基地、技术研发基地总装基地。鼓励建设天然气水合物钻采船（大洋钻探船）项目。

6. 海洋公共服务产业

推动海洋观测与监测服务。重视海洋生态资源调查、海洋观测预报、海洋环境监测质量管控、信息产品研发，打造海洋环境实时在线观测监测网络体系。加密海洋观测点并形成科普中心。强化省、市、县海洋预报观测团队构建，集中力量打造海洋观测预报、基层海洋生态资源调查、海洋环境监测及评价体系。

创新海岸带资源智慧管理服务。打造海岸带生态物联网，及早推进海岸带自然资源数字化建设。编制智能辅助决策以及符合"数字政府"建设规范的系统，主要针对的是海岸带资源管理的分析评估以及动态监督。

强化海洋强省战略等专题调研。结合粤港澳大湾区构建以及塑造的现代化沿海经济带，着重组织战略性调研以及基础性调研，包括海洋经济高质量发展、海洋规划体系、海洋基础调查、海洋空间资源承载能力、海洋生态修复技术等，加强支撑管理决策咨询能力。

2.2 浙江省海洋产业发展

2.2.1 浙江省海洋经济发展现状

浙江省位于中国东南沿海，长江中下游地区，东临东海，南部与福建相连接，西有江西、安徽，北部与上海和江苏相邻。浙江省海岸线长 6 600 千米，管辖海域面积 4.4 万千米²，海岛总数 4 350 个，是我国海洋资源大省，拥有我国最大的渔场——舟山渔场。

习近平总书记曾主政浙江，在此期间，习近平总书记主持召开了浙江省第三次海洋经济工作会议，提出要建设海洋强省的发展方向，并将"大力发展海洋经济"纳入浙江省域治理总纲领和总方略的"八八战略"。

现阶段浙江省大致构成了海洋经济发展的有利局面，打造全球一流海洋港口以及现代化海洋产业体系，重视海洋科教生态建设。

"十三五"时期，浙江海洋生产总值不断提高，2016 年的生产总值为 6 747 亿元，截至 2019 年提升到 8 739.27 亿元，年均涨幅 8.5%，在地区生产总值中，海洋生产总值所占的比重维持在 14.0% 上下，和全国平均水平比较，超出 4~5 个百分点，浙江省海洋经济发展能力十分显著，在该省的国民经济发展中也充当着重要的角色（图 2-3）。

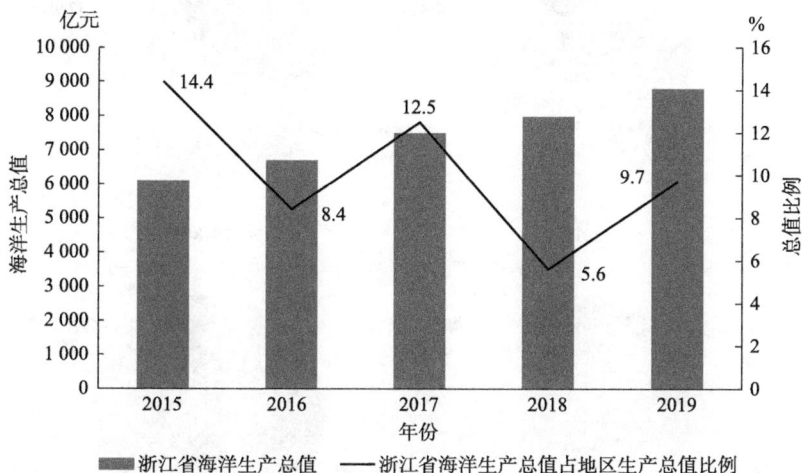

图 2-3　2015—2019 年浙江省海洋经济生产总值及占地区生产总值比例
数据来源：根据浙江省自然资源厅和浙江省统计局相关数据整理。

2.2.2 浙江省海洋产业结构

浙江省在过去的十年时间里深入推进供给侧结构性改革，"十三五"时期印发实施了《浙江省"5211"海洋强省建设行动实施纲要》和《浙江大湾区建设行动计划》，推动了浙江海洋经济发展示范区、浙江舟山群岛新区、舟山江海联运服务中心等一大批重点项目建设，促进了浙江海洋经济各个方面的良好发展，浙江省海洋经济总量不断稳步提升，产业结构也得到了持续的优化。

纵观 2010—2018 年浙江省海洋经济一二三产业结构的变化，浙江省保持了稳定的"三二一"的产业发展结构，海洋一二三产业结构由 2010 年的 7.6∶42.4∶50 调整到 2018 年的 7∶34∶59，海洋产业结构不断优化，海洋第三产业比重不断上升，发展迅速（图 2-4）。

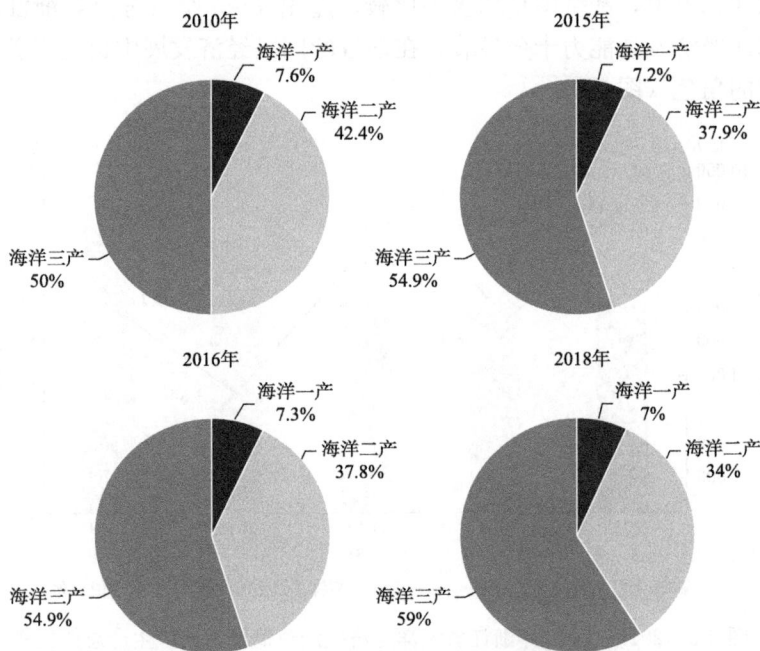

图 2-4 浙江省海洋三大产业结构比较

数据来源：根据浙江省自然资源厅和浙江省统计局相关数据整理。

浙江省在海洋经济发展和海洋产业结构调整过程中，虽然保持了持续稳定的发展速度，但与此同时，海洋第二产业规模不断缩小、发展动力较差，海洋科技研发能力不足，保障海洋资源以及生态环境是当地海洋经济发展过程中应该关注的重要问题。

2.2.3　浙江省海洋产业未来发展规划

2021 年 2 月，浙江省发布了《浙江省海洋经济发展"十四五"规划（征求意见稿）》，从这份意见稿中指出了浙江省海洋经济的发展方向和发展目标。

1. 浙江省"十四五"时期海洋经济发展目标

截至 2025 年，打造海洋强省，在海洋开放、海洋经济、海洋港口、海洋创新、海洋生态等领域取得优异成绩，关键指标不断提高，形成参与国际海洋竞争以及海洋合作的有利条件，是浙江省高水平基本现代化的重要支撑。

截至 2035 年，基本构建为海洋强省，不断提高海洋综合实力，海洋生产总值较 2025 年提高一倍，全面构建海洋科技创新策源地，面向全国、引领未来发展，海洋中心城市需要在世界城市体系中位居前列，构建的临港产业集群需要具备国际影响力，打造世界一流强港，海洋资源能源利用水平、对外开放合作水平、海岛海洋生态环境质量等在国际上居于领先位置，在全球海洋开发合作中享有话语权。

2. 培育形成三大千亿级海洋产业集群

千亿级现代港航物流服务业集群。发展壮大舟山大宗商品交易中心、浙江海港大宗商品交易中心、舟山国际粮油集散中心，构建东北亚铁矿石分销中心。研发具有个性色彩以及区域特色的大宗商品价格指数体系，对仓储物流、交易撮合以及供应链金融等服务功能加以健全，发展船舶增值服务，包括货代、船代、报关等，创造并发展海河联运、江海联运、海铁联运等业务，围绕宁波舟山港，积极参与长江黄金水道、甬金铁路大通道等建设，深化和长江经济带关键港口以及产业园区的合作关系。为内贸、内支、近洋集装箱运输等提供支持。推进构建全过程综合物流链条，不断发展壮大"门到门"全程物流服务。

千亿级现代海洋渔业集群。宣传抗风浪深水网箱、养殖工船、大型围栏养殖、循环水养殖、生态增养殖、近海多营养层级立体养殖、大型平台养殖，拓宽深远海养殖，对智慧渔业加以部署，提高渔业装备化、智能化以及绿色化水平，在温州、台州以及舟山等地建设标准较高的国家级海洋牧场示范区，鼓励渔业国际合作，促使远洋渔业趋于产业化，打造远洋渔业产业全链条。不断提升水产品精深加工业以及营销。推进休闲渔业的创新发展，强化渔港以及渔船避风锚地的构建，借助渔港经济区推动海洋渔业三大产业的融合发展。

千亿级滨海文旅休闲业集群。落实浙江省文化基因解码工程，深层次调查海洋文化遗产，做好开发保护工作，提升舟山、宁波、温州海丝文化遗址的价值，对温州、台州等沿海抗倭海防遗址加以保护。构建海洋文化设施，例如，围垦文化博物馆、海洋非遗馆，部署各种主题的展览，例如，海丝文化、海洋民俗、海防文化等，构建海洋考古文化旅游景区，注重质量。推进台州大陈、舟山、温州洞头邮轮始发港以及访问港的构建，设计开放公海无目的地的邮轮航线，推动象山影视城等构建，建设海岛特色影视小镇。研发海洋旅游产品体系，包括海上运动比赛以及海岛休闲度假等，有效管控海岛旅客的数量，推动钱江观潮休闲、滨海古城度假等产品的研发，构建十大海岛公园，塑造统一的旅游品牌，全方位塑造国际海鲜美食旅游目的地、中国海洋海岛旅游强省、中国最佳海岛旅游目的地。

3. 积极做强若干百亿级海洋产业集群

百亿级海洋数字经济产业集群。深度落实"一号工程2.0版"数字经济，充分发挥"智慧海洋"工程的引领功效。强化研制国家卫星海洋应用系统、海洋信息感知技术装备，构建海洋信息产业集群，将海洋大数据、卫星通信导航、海洋感知装备、船舶电子等密切关联在一起，主动参与构建海上北斗定位增强和运用服务系统，推进海洋卫星服务产品的产业化。计划落实船联网应用示范项目，推进重大项目构建，例如，国家应急通信试验网、省智慧海洋大数据中心，构建海洋数字产业生态。

百亿级海洋新材料产业集群。研发海洋新材料，注重成果转化，打造"海洋新材料—装备关键部件制造—高端海工装备和平台"产业链，建设海洋新材料产业集群。围绕海洋工程材料、海洋生物材料等主要依赖进口的重要领域，推进海洋密封材料以及重防腐等的发展。结合海洋医药开发需求，着重探究研制海洋高技术材料，例如，组织工程材料、医用再生修复材料、药物运载缓释材料等。

百亿级海洋生物医药产业集群。集中力量发展核心技术，包括海藻生物萃取、鱼油提炼、海洋生物基因工程等，在海洋生物医药领域的挖掘以及运用过程中获取相应的成效，借助重大平台，例如，宁波生物医药产业园、杭州生物产业国家高技术产业基地、台州生物医化基地、绍兴滨海海洋生物医药产业基地、舟山海洋生物产业基地、金华健康生物产业园等引进并培育海洋生物医药领域的龙头企业，构建具备显著优势特色以及影响力巨大的产业集群。强化科技金融机构的引育，构建完善风险、股权、并购等投资模式，发展并壮大浙江海洋生物医药。

百亿级海洋清洁能源产业集群。强化海上风机等重要技术的发展，强化风电工程服务，推动海上风电的发展。构建海岛太阳能应用成套体系，宣传太阳能海上应用，落实渔业光伏互补试点示范。帮扶沿海核能的发展，推进核电站勘探、设计、评估以及核电产品检验检测等业务的发展。平稳的构建国家级潮流能、潮汐能试验场，集中力量研发潮流能技术，重视装备制造、海上测试、工程示范。

同时，积极培育做强海洋生态环保治理、深海勘探开发利用等海洋战略性新兴产业。

2.3　江苏省海洋产业发展

2.3.1　江苏省海洋经济发展现状

21 世纪是海洋的世纪，是人类十分关键的资源库，也是人类生存发展的物质基石，战略地位不断提高。江苏省地处于我国东部沿海中部地区，是"两带一路"的地理交会位置，濒临海洋以及江河，东部是黄海，长江以及京杭大运河也贯穿于江苏省，太湖平原以及里下河平原有丰富的水网，江苏省绝大部分城市历史上均是依托水运优势得以发展壮大。当地有良好的自然条件，海岸线总计954千米，能够构建万吨级泊位的深水海岸线长达130千米，拥有丰富的风能和海洋能资源。

根据江苏省《2017年江苏省海洋经济统计公报》公布数据来看，2017年江苏省海洋生产总值为7 217亿元，比上半年同比增长了9.2%，海洋生产总值在地区生产总值中占比8.4%。尤其是"十二五"期间，全省海洋生产总值不断提高，"十一五"末的产值只有3 551亿元，现如今已经上涨到6 406亿元，在江苏省地区生产总值中占比持续提升，从8.6%上涨到9.1%，在全国海洋生产总值中所占的比例自9.0%上涨到9.9%。由此可见海洋经济发展在江苏省整体经济发展中也起着至关重要的作用（表2-1）。

表2-1   2017年广东、山东、江苏、浙江四省海洋经济发展情况

单位：亿元、%

省份	海洋生产总值	海洋生产总值占地区生产总值的比重
广东	17 725	19.8
山东	14 776	19.9
浙江	7 540	12.5
江苏	7 217	8.4

数据来源：根据《广东海洋经济发展报告（2020）》、浙江省自然资源厅《关于发展海洋经济加快建设海洋强国工作情况的报告》、《2017年江苏省海洋经济统计公报》整理。

但是相比较于山东省和广东省海洋经济发展来看，以2017年为例，2017年广东省海洋经济总产值达1.78万亿元，在全省经济总量中的占比是19.8%，2017年，山东省海洋经济总产值高达1.3万亿元，在当地经济总量中占比17.9%。江苏省的海洋经济总产值与山东和广东省比较，差别较大，2017年江苏省的经济总量

排在第二，广东省位居第一，但是其海洋经济的产值相对较少。

2.3.2　江苏省海洋产业结构

江苏省 2015 年海洋第一产业、第二产业以及第三产业的增加值分别是 288 亿元、3 037 亿元、3 081 亿元，产业比为 4.5∶47.4∶48.1，海洋第三产业占比第一次高于海洋第二产业。江苏省大致构成了"三、二、一"的海洋产业结构发展格局，沿海工业走廊的轮廓彰显出来，船舶、化工、能源、医药等产业的主导地位也随之彰显出来（图 2-5、图 2-6）。

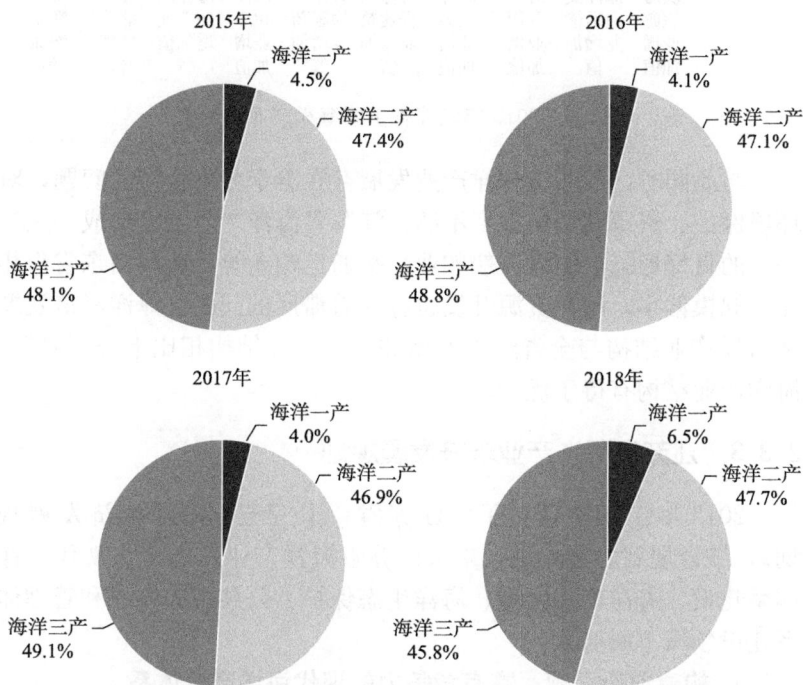

图 2-5　2015—2018 年江苏省海洋一二三产业结构

数据来源：根据《2016 年江苏省海洋经济统计公报》《2017 年江苏省海洋经济统计公报》《2018 年江苏省海洋经济统计公报》《2019 年江苏省海洋经济统计公报》整理。

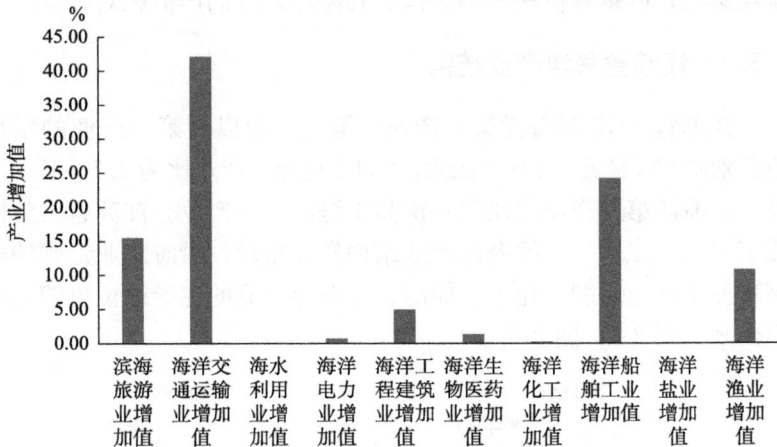

图 2-6　2015 年江苏省主要海洋产业增加值

与此同时，江苏省海洋产业发展存在着十分不合理的问题，对环境保护、资源利用的力度不够。江苏省海洋产业虽已形成"三二一"的良好形态，但海洋船舶业、交通运输业等产业与山东省份相比，规模偏小，海洋资源开发也存在着滞后的问题。海洋经济发展和海洋产业结构与全省经济发展和全省产业结构相比十分不协调，海洋产业结构有待于优化。

2.3.3　江苏省海洋产业未来发展规划

2017 年江苏省颁布了《江苏省"十三五"海洋经济发展规划》，结合规划能够知道，未来江苏省海洋产业发展将在现代海洋体系建设、海洋科技领域、海洋生态保护、公共服务体系和管理体系建设领域不断努力。

1. 构建创新引领、富有竞争力的现代海洋产业体系

推动新兴产业和传统产业的同步发展，服务业和制造业的和谐发展，促使制造业趋于高端化，服务业趋于优质化，海洋渔业趋于现代化，注重创新，打造竞争实力强大的现代海洋产业体系。

2. 聚力发展海洋战略性新兴产业

积极推进海洋工程装备制造业的发展。推动海洋可再生能源业的发展，重视海洋药物以及生物制品业。注重海水淡化和综合利用业的发展。开发并制造新能源海水淡化设备、海水综合利用设备，有效利用太阳能以及风电等资源。

3. 提升发展海洋现代服务业

大力发展海洋交通运输业，对近远洋航线以及运力结构加以调整，提升海洋运输的竞争实力。注重发展海洋旅游业，构建"山、海、城、港"互融互动的滨海旅游新格局，打造"一带一路"交汇点的重要旅游节点。重视涉海金融服务业的发展和进步。对海洋特色金融发展机制加以创新，研发非银行金融产品，例如，船舶融资租赁、航运保险等，研发金融保险产品，服务海洋经济。创新海洋金融服务，引进培育海洋金融服务企业，开发相应海洋金融产品。大力发展海洋投资基金，例如，天使基金、海洋产业投资基金、创投基金、成果转化基金等，打造江苏海洋特色金融创新发展示范区。

4. 转型发展海洋传统产业

着重推动海洋渔业的优化升级。推进现代海洋渔业产业结构优化，集中力量构建海洋"蓝色粮仓"。进行海洋水产品规范化养殖，传播无公害水产品的产品以及产地认证，重视品种培育以及主导水产品的原地保护。实施百亩连片池塘标准化改造工程，推进现代渔业园"四个一批"建设。继续改善海洋捕捞作业结构，提升渔业装备技术水平。发展远洋渔业，尤其是过洋性渔业以及大洋性渔业。集中力量发展海洋水产品精深加工，重点推进海门南极磷虾产业园、海峡两岸（射阳）渔业合作示范区建设。发展海洋船舶工业。集中力量研发建设高技术船型，例如，节能环保型新型散货船、超大型集装箱船、液化石油气（LPG）船、大型液化天然气（LNG）船、游轮游艇等。鼓励船舶并购重组。龙头企业趋于规模化以及专业化，推动附加值相对较低的普通散货船制造以及污染性传播制造去产能。推进滩涂农林业的合理发展。培育耐盐农作物，推动盐土产业的发展，例如，耐盐蔬菜、特色经济植物、耐盐苗木，着重宣传优质粮经作物，例如，双低油菜、中药材、专用大麦、优质水稻。

5. 优化发展临海重化工业

贯彻"调整存量、提升增量、优化总量、突出特色"的导向，打造连云港徐圩石化产业基地等，苏南和沿江地区绿色先进的重化工项目向沿海地区转移，建设临港大型绿色化工基地，选从外部进口油气资源，打造多元化临海化工业产业链群，涉及三大合成材料、基础化学品、清洁油品、化工新材料。推动连云港徐圩新区石化产业基地建设，重点建设 5 000 万吨级炼化一体化、PTA、甲醇制烯烃等重大石化项目，打造世界一流石化基地。

6. 建设"智慧海洋"

推动海洋产业与信息化融合发展，建设"智慧海洋"架构，用大数据做支撑，应用做驱动，服务为导向，着重强化沿海沿岸海洋环境监测体系构建，创建海洋环境实时在线监测体系。打造涉海行业公众服务网、共享网、岸海接入网，强化涉海部门的业务协同通信能力。建设分布式海洋大数据中心，促使海洋云数据、云计算、云服务迈向一体化，深度开发海洋资源，发展海洋经济，保护海洋环境，逐渐构建"智慧海洋"发展体系，促使感知、服务、调度以及决策等趋于智能化。

2.4 经验总结和启示

2.4.1 完善顶层设计

海洋经济已经成为我国国民经济的重要组成部分，在我国国民经济的高质量发展中发挥着越来越重要的作用，但依然存在着海洋产业产能过剩、海洋科技创新水平不高、新兴产业创新动力匮乏、海洋环境严重污染等一系列问题。同时，与陆域经济相比，海洋经济发展较晚，且以工业为基础的陆域经济长期处于陆海统筹发展的优势地位,这都是如今海洋经济以及海洋产业发展存在的劣势。

如今,从中央到地方,分别出台了很多国家层面和地方层面的有关海洋经济和海洋产业发展的规划政策和建议文件,山东省也应加快政策因素同海洋经济和海洋产业发展的密切配合,加快完善顶层设计,从战略规划上做到高瞻远瞩,给予山东省海洋产业未来发展更多的发展空间和发展动力。

2.4.2 推动"环渤海大湾区"建设

随着粤港澳大湾区的建设,"港区经济"成为一个新的发展概念。港区经济是高端要素集聚、发展质量最高的经济形态。

山东省过去的海洋经济发展存在着各自为战、同业竞争的发展局面。过于追求发展平衡,结果是根本没有优势产业的出现,山东省海洋产业发展存在着很大的短板,内部消耗和重复建设问题突出。

2017 年 7 月 1 日,习近平总书记出席《深化粤港澳合作 推进大湾区建设框架协议》签约仪式。2019 年,中共中央、国务院印发了《粤港澳大湾区发展规划纲要》对粤港澳大湾区建设工作做出了具体的部署和指导。2018 年浙江省发布了《浙江大湾区建设行动计划》,对推动浙江省集聚高端要素、发展高端产业,打造高质量发展新引擎作出重要部署。

山东省沿海各地在发展海洋产业方面都拥有各自独特的优势,推动环渤海大湾区建设,在完善顶层设计下实现协调发展,促进合理分工协调,避免内耗和重复建设,创新合作方式、合作政策,促进要素流动,统筹不同类型、不同层次、不同规模的产业平台建设,打造参与国际竞争的先进制造业、战略性新兴产业等重大产业合作平台,建设具有弹性互动的大湾区集合,加强区域合作,推动产业集群发展,促进山东省新旧动能转换,推动山东省海洋经济的高质量发展和海洋产业的优化升级。

2.4.3　坚持陆海统筹

海洋经济起步较晚，在陆海经济发展中处于劣势地位，山东省沿海城市在未来海陆经济发展中应该坚持陆海统筹，对陆海经济统筹规划，促进陆海资源和产业的整合，深入挖掘海洋产业和陆地产业发展的契合点，协调发展陆海产业，规划统一的陆海产业发展机制，将海洋产业科技创新和陆地产业科技创新共同谋划，发挥陆地经济的优势地位，促进海洋产业的产学研深度融合，推动海洋产业装备的创新以及优化变革，促使海洋经济成为地区经济发展的新的增长极。

2.4.4　提高海洋产业科技创新能力，建设"智慧海洋"

一是提高涉海企业的自主创新能力，冲破企业的创新主体地位。利用龙头企业的带动地位同时培养一批具有创新能力的中小企业，强化企业的创新能力，鼓励企业加大创新投入，加大人才培养力度，引进国外核心技术和设备，通过技术消化吸收促进创新发展。

二是建设高水平的海洋科研平台，推动产学研的深度融合。鼓励涉海高校建设高水平的海洋实验平台，引进国内外海洋产业科研人才，带动本土海洋高端人才培养，加快推动国家重点海洋实验室和科研机构落地，构建企业、高校和科研机构共同参与的海洋科技创新平台，提高海洋科技成果转化效率，促进科技创新和产业发展的良性循环。

第3章 山东省海洋产业发展现状
DISANZHANG

3.1 山东省海洋产业发展概况

3.1.1 政治环境分析

海洋开发逐渐转变为全球竞争的新领域。各个国家不断优化自身海洋发展战略，希望在竞争过程中获取更大的机遇和利益。随着世界上许多国家对资源的无限开发，资源和环境的瓶颈问题日益突出。为改善这一问题，各国集中力量寻找新的资源以及空间，这就是海洋，这也是各个国家优先选取的目标。比如，日本将海洋当成国家的基础。韩国制定了《海上共和国》，提出了实现"四个现代化"的海上战略。2007年，越南编制了《2020年海洋战略》，规划截至2020年在国内生产总值中海洋经济产值占比55%。美国新阶段海洋战略遵循的一大原则就是"维护海洋经济利益"，编制了许多海洋政策，对海洋资源发展的可持续性提供保障。

"十二五"之后，山东省将海洋经济当成是平稳增长、促进转型的关键着手点，合理作为，不断创新，巩固开展海洋经济试点，统筹山东半岛蓝色经济区、黄河三角洲高效生态经济区建设，尽可能在国家级新区序列中融合主题为海洋经济的西海岸新区，推进海洋经济发展方式变革，促使海洋科技创新能力不断提升，集中力量推动山东省海洋经济的稳健发展。现如今的山东省注重构建海洋强省，我们更应该牢牢抓住经略海洋的战略机遇，担负起海洋强省、海洋强国的使命和任务，打造一流海洋港口，完善现代海洋产业体系，确保海洋生态发展的可持续性。山东省还提出，到 2022 年现代海洋产业增加值力争达到 23 000 亿元，占地区生产总值的 23%。

2018 年，国家主席习近平考察了山东，明确指出"大力发展海洋经济，科学开发海洋资源，培育海洋优势产业，打造山东半岛蓝色经济区"，将海洋经济提高到了国家发展战略的高度，山东省海洋经济区建设以及山东半岛蓝色经济区建设都属于国家发展战略。为了推进山东地区的发展和进步，政府颁布了许多构建蓝色经济区的思路，依靠当地的资源要素，以七个沿海城市为重点，内外互动，促进海洋经济区的构建。省内健全的海洋科学技术体系积累了传统优势海洋产业，不断变革，海洋生态文明示范区充分利用自己的引导功效，构建了连接环渤海地区以及长三角地区并向国际竞争渗透的增长极。除此之外，山东省还指出了日后的部署，着重构建山东半岛蓝色经济区，着重发展依靠海洋优势的高端产业，以海洋资源发展为着手点，强化海洋科学技术的发展，推进山东省的海洋发展。

3.1.2 经济环境分析

现如今经济趋于全球化，世界经济发展势头十分强劲，各个经济体趋于融合十分迅速，跨行政城市集聚，大都市化，产业集聚以及全方位战略合作经济圈发展迅速。在这一背景下我国指出建设社会主义和谐社会，做好城乡统筹，注重城市化建设，不仅如此，我国经济与世界经济联系也更加紧密，经济发展方式不断调整，为创新山东半岛蓝色经济区，山东省海洋产业升级奠定了基础。

在我国区域经济发展的整体布局中，引领我国区域经济发展的五个区域（上海、广东、辽宁、广西和天津）推进了海洋经济发展的进程。山东半岛将京津冀和长三角以及珠三角等密切关联在一起，是关键节点，海洋资源丰富多彩，有效地保障了区域经济的发展。但是，因为长三角地区经济基础较好，发展迅猛，我国经济发展的领先者上海市地位难以撼动。因此，山东省海洋经济带难以融合到长三角经济带，北京市经济中心也迁移到了天津市，推动了天津市及周边地区经济带的发展，对天津市沿海经济带也产生了很大的影响。

山东半岛在东北亚属于关键的战略位置。经济发展势头十分强劲，但是也出现了接受区域产业转移的情形。历经的数十年的发展，山东半岛已形成许多强大的、具备竞争实力的传统优势产业，例如，海上加工制造、渔业以及盐业等，这些产业推动了当地海洋经济的初步确立和快速发展，也促进了蓝色经济区的构建。为了和区域经济一体化以及经济全球化的态势相互适应，山东省指出了半岛蓝色经济区战略，是山东省利用海洋资源优势为新动能转换提供更好的环境，也是战略层面发展山东板块，部署当地区域发展的重大机遇。

自 2018 年山东省全面实施新旧动能转换政策以来，以"四新经济""十大产业"为抓手的经济建设成效显著，经济发展进入黄金期。2021 年，山东省 GDP 突破 8.3 万亿元，同比增长 8.3%，经济体量排名全国第 3，外贸进出口总额达 2.9 万亿元，同比增长 32.4%，在国内主要外贸省市中，进出口总额和出口额两项指标增速均位居首位。其中，对 RCEP 成员国进出口额达 1.03 万亿元，同比增长 32.9%，占全省外贸进出口总值的 35.2%，增速高于全省外贸整体水平。

与江浙沪等沿海发达省份比较，山东省经济发展步入工业化中后期的时间很晚，所以，城市化加速期对比其他省份更长，在发展的同一阶段，城市化的动力更强，城市有强大的可塑性，城市增长强大，经济发展更加活跃。

江苏、福建、广东等海洋大省具有很强的货物接收能力和更加合理的产业结构，在对外承接海洋业务的时候，往往和山东省形成激烈的竞争。其中，比较显著的就是与山东相邻的海洋大省——江苏省。其中，南通全市的海洋生产总值高达 2 000 亿元，在全国设区市位居领先位置，其在全市 GDP 总量中占比 26.9%；连云港的涉海企业总计 1 万多个；盐城全市海洋经济生产总值不断递增，年均涨幅18％，规模在千亿元以上，在GDP中占比22％，海洋产业也是其日后发展的主要走向。当前，盐城港"一港四区"打造了21个万吨级的码头，建设了许多开放口岸港区，例如，大丰、响水、射阳。连云港万吨级码头总计70多个，吞吐量为2.3亿吨，加快建设30万吨级航道，向世界大港迈进。上海"北大门"南通，有效实施江海联动、陆海统筹方针，促进产业转型、城市转型、交通转型，集中力量打造全市域发展新局面："三港三城三基地"。因为山东和江苏两省天然接近的地理位置，所以在相关产业的承接和发展问题上，江苏省和山东省会产生一定的竞争。而且由于江苏省临近上海，在相关的资源和机遇上，对比山东省而言，有比较明显的优势。

3.1.3 技术环境分析

海洋开发愈发深化，和海洋相关的论文、科技以及作品等经常出现在媒体中，而"海洋科技"也缺少清晰的内涵，为了便于调研，一般来说，民众将和海洋相关的科学技术看成海洋科技。主要有两个部分，一个是海洋科学，另一个是海洋技术。海洋科学指的是海洋中的自然现象以及海洋的变化规律等科学调研，涉及海洋地质学、物理海洋学、生物海洋学、海洋化学等。海洋技术指在开发海洋过程中累积的经验以及技能，主要有海水资源开发利用技术、海洋工程技术、海洋信息技术、海洋生物技术、海洋观测技术、海底矿产资源勘探技术、海洋预报预测技术和海洋环境保护技术。

海洋环境相对特别，在开发进程中面临许多阻碍，对比土地资源的运用，海洋资源的利用更为严苛，难度相对较大。为了有效利用海洋资源，需要充分利用相关技术以及设备。现如今海洋发展的深度以及广度等不断深化，民众愈发注重海洋科学技术。同时，海洋科学技术也是改善海洋环境的有力手段，在我国以往的海洋开发模式中，海洋的发展往往牺牲了环境，破坏环境也会影响经济发展，导致海洋环境趋于恶化。为了应对经济建设和环境破坏之间的问题，有效利用海洋科学技术，尤其是高新技术等拓宽人类活动的范畴，缓和人口压力。山东省传统优势产业的生机也离不开海洋科学技术。

为了推进海洋经济的发展，山东省构建了国家海洋科学技术创新基地，与此同时凝聚了国家海洋科学技术力量。2018年末，山东省在市级以上构建的海洋教学机构以及科研院所总计55个，培育的海洋科学技术人员总计上万个，在全国海洋科学技术人员中所占的比重高达40%。与此同时，还构建了海洋科学观测站12个，省部级重点实验室28个，大型海洋科学数据库14个，海洋科学研究船50多个，两个研究院的院士30名以及国家自然科学海洋基金项目500多个。不仅如此，"863"计划在海洋领域获取了较好的成绩，伴随科学技术的发展，山东省沿海出现了许多新兴的海洋产业。这些产业促进了沿海经济的进步，对传统产业升级有推动功效。目前，山东半岛建设了"863"海洋高技术产业化基地3个、国家科学技术示范基地5个、海洋工程技术研究中心5个，建设了国家海洋药物中心和国家重大项目实验基地。这些高新技术研究中心成为山东省海洋快速转型的基地。科技和创新能力持续提升，从技术层面为山东省发展海洋经济提供帮助。

山东省海岸带以及近海海域广阔，有丰富的矿产资源，地理位置优越，海洋资源充足，海洋产业发展优势明显。参照我国海洋信息中心调查的资料，山东省滩涂、浅海、盐田、旅游、港址、矿砂总量在我国排在第一位，对当地挖掘并发展海洋产业有积极意义。但是山东省的海洋资源开发中心数量稀少，在全国位居第8，表征着山东省利用的规模效益以及集约经营存在问题。结合我国海洋信息中心的调研数据，山东省综合评价在全国排名第2，为构建科学的、完备的海洋产业体系创造了条件。

3.2 山东省海洋产业发展特点

3.2.1 地理位置优势

山东省地处于我国东部沿海，东部和日本、韩国等国家和地区相邻，西部延伸至黄河中下游地区，南部和长三角相连，北部和环渤海经济圈衔接。山东半岛是京津地区的门户，也是接连中原和东北亚的海上桥梁。现如今区域一体化的步伐不断加快，山东半岛的战略地位以及发展潜力逐渐显现出来。

山东半岛海岸线长度为 3 000 多千米，是我国最大的半岛，海域面积高达 16 万千米^2，海湾总计 200 多个，洋底坡度平缓，泥沙运动缓慢，水道平稳，对港口、码头的构建以及对外传播运输有积极意义。对比其他沿海各省市，山东省在大陆海岸线长度方面占据有利位置，所以山东省在发展海洋产业方面，区位占据着有利位置。最近几年，山东省海洋经济发展迅速，构建了山东半岛蓝色经济区，同时对各个海域以及相关城市等做好了相应的部署，为当地发展海洋产业创造了条件。

3.2.2 产业基础优势

山东省是传统的工业大省，有着完备的工业产业基础和巨大的海洋产业转型推动力。规模较大的产业，例如，交通运输设备制造业，黑色金属冶炼和压延加工业，通信设备、计算机及其他电子设备制造业，占据着优势，是当地的优势行业。这些完备的产业基础和强大的基础制造业，为海洋产业的蓬勃发展提供了巨大的推动力。除传统的工业产业基础之外，山东省海洋产业基础良好，发展势头迅猛，山东省围绕许多领域，例如，深远海渔业、海洋运输与科考、深海矿产资源开发、海上岛礁利用和安全保障、服务海洋油气资源开发等层面，注重现代化港口深海空间站、超大型运输船的发展，建设海上综合试验场和海西湾船舶与海洋工程装备产业基地。

2018 年全省海洋产业生产总值 13 361 亿元，占全省 GDP 的 18% 左右，同时也占到全国海洋总产值的近 20%。山东省海洋渔业、海洋交通运输业等 5 大海洋产业增长值在全国名列前茅。尤其海洋运输产业稳步增长，海洋经济在山东省经济中占据着关键位置，也是现代化强省构建的关键力量。与此同时，山东省在海洋信息技术领域、海洋工程和装备领域以及海洋生物医药领域，都取得了一系列重大的创新成果（图 3-1）。

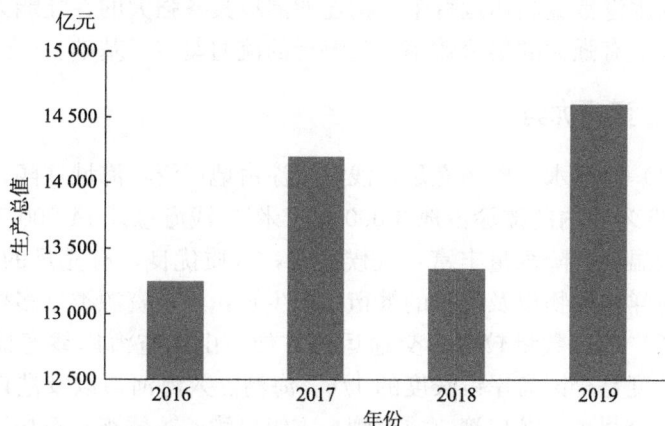

图 3-1　2016—2019 年山东省海洋生产总值

数据来源：山东省海洋经济统计公报。

3.2.3　交通设施优势

山东省在近年的海洋产业发展中，航空运输、公路运输、铁路运输、海运、河运等基础设施发展迅速，持续健全，为当地海洋产业优化升级奠定了基础。

（1）航空运输领域，山东省相对发达，济南、青岛、潍坊、烟台、威海等地区都加强了机场基础设施建设，现代空港体系形成了规模，构建了国际航线网络，航空竞争力以及运输能力不断提高。

（2）在铁路方面，龙烟铁路、菏兖日铁路、京九铁路、东平铁路、枣临铁路、蓝烟铁路、德大铁路、京沪高铁、胶济铁路发展势头十分强劲，构建了"四纵四横"铁路网，覆盖山东半岛各个地区。

（3）公路建设成效明显，山东省高速公路总计 4 000 多千米，一级公路和二级公路分别为 8 000 多千米，23 000 多千米，高速公路里程在全国排名靠前，实现高速公路连接的县占比 86％，全省构建了高速公路网"五纵四横一环八连"。

（4）海运航运上，山东省海岸线绵长且弯曲，带有个性色彩，并且深水港数量高达近百个，构建的港口具备强大的吞吐能力，功能完善，有强大的集疏效率，为海运的流通奠定了基础。

3.2.4 资源优势

（1）海洋水产资源充足，浅海滩涂占地广泛，海域辽阔，海洋水深15米以内的滩涂占地3 000多千米^2，浅海总计14 000千米^2。地处暖温带，降水量丰富，气候适宜，水质优良，有充足的日照，适合海洋水生物以及鱼类的繁衍以及生长，水产资源类型多样。

（2）港口数量较多，交通运输方便，山东省海岸线弯曲且绵长，长度是全国海岸线长度的1/6。海湾、入海河口以及港口数量较多，胶州湾、龙口湾、威海湾、古镇口湾、芝罘湾、石岛湾等都是规模较大的海湾，鱼鸣嘴、羊龙湾、屺姆角、八角、朝阳嘴、龙洞嘴、石臼嘴等部分港湾延伸到大海深处，适宜构建深水、大吨位泊位码头。现如今，山东省构建了31个10～20吨位的深水泊位港址，14个5万吨级的港口，14个1万吨级的港口。山东省港口密度和全国平均水平相比更高，各个港口为当地产业升级奠定了基础。

（3）盐业、盐化工业有丰富的资源。现如今，山东半岛有丰富的卤水资源，山东省产盐区位于四大海盐产区的首列，当地海水资源丰富，推动了山东省盐业、山东省盐化工业的发展。在山东省属于传统优势产业，借助地下卤水制盐，对比同盐水晒盐，能够节约40％的开支，山东省卤水生产纯碱、氯碱和盐化工产品的开支也不断减少。

（4）海洋矿产资源较多，山东省海域面积宽广，近岸矿产资源多姿多彩，而且矿产蕴藏量庞大，类型较多。现如今山东省海洋资源中被挖掘的矿种总计102类，能够明确储量的矿产总计65种（其中非金属矿产、金属矿产、能源矿产以及水气矿产的数量依次是41种、17种、5种、2种），勘探完成的矿产地总计459处。在

已经勘探完成的 35 类矿产中，储量在全国排在前三的总计有 23
种，其中有 8 种矿产在沿海地带存储，分别是透辉石矿、铅矿、石
墨矿、溴矿、菱镁矿、滑石矿、铸型用沙矿以及建筑用大理岩矿，
已探明的金矿储量在山东省探明总量中占比高达 93％。山东省近
岸矿产资源在全省矿产资源总值中占比 12％，潜在价值总计 5 226
亿元，近岸矿产资源丰富，为发展海洋产业，推进产业升级奠定了
基础。

（5）滨海有丰富的旅游业资源，山东省沿海城市的旅游资源丰
富，而且开发利用价值较高。山东省滨海旅游资源包括黄海沿岸的
奇峰、山峦、海湾以及海滩等，名胜古迹加优越的滨海气候为当地
旅游发展创造了条件（图 3-2）。

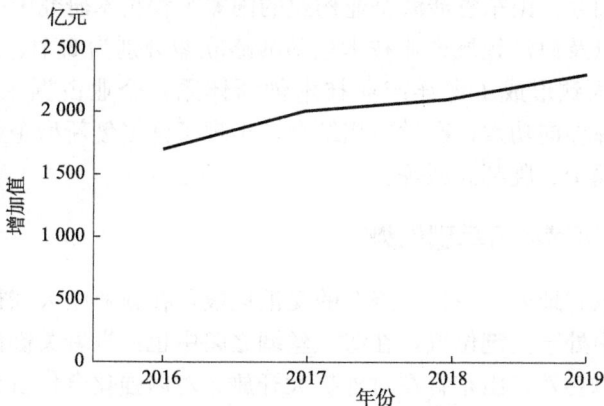

图 3-2　2016—2019 年山东省滨海旅游业增加值
数据来源：山东省海洋经济统计公报。

山东省沿海岛屿遍布分散，总计 326 个岛屿，地貌特殊，气候
适宜，有美丽的风景，海产品丰富，是避暑的良好去处，适宜旅游
开发。山东省沿海地区的滨海旅游资源对比其他沿海省份，更为丰
富，全国共计 273 个沿海旅游景点，34 处位于山东省，在全国排
名第三。结合产业增加值数据来看，滨海旅游业已经成为山东省海
洋产业发展的重要增长部分。

3.2.5 科技人才储备优势

山东省海洋科研力量在全国占据绝对优势，山东省创建的省级以上海洋科研教学机构总计 55 个，国家级海洋科技创新平台 110 个，同时还有很多重量级科研机构和创新平台，例如，国家深海基地、青岛海洋科学与技术国家实验室。海洋领域的驻鲁院士总计 22 个，海洋高科技人员在全国占比 40%。

山东省实施了"透明海洋""问海计划"等重大海洋科技工程，党的十五大以来，海洋领域"973"和"863"计划项目山东省承担了一半以上，衍生了许多带动海洋产业发展的科研成果，在重大海洋科学问题应对方面以及海洋科技源头创新方面能力不断提升。

现如今，山东省涉海企业构建的国家工程技术研究中心、重点实验室以及海洋领域产业技术创新战略联盟分别为 3 个、3 个以及 21 个，大致形成了海洋产业技术创新体系，企业占据主体地位，市场发挥导向功效，产学研相结合，出现了许多创新型企业，例如中集来福士、胜利高原等。

3.2.6 区域经济基础优势

山东省地处"一带一路"的交汇地段，在新亚欧大陆桥经济走廊沿线中处于关键位置，在海上丝绸之路中也占据着关键位置，发挥着支撑功效，山东省在对外扩大开放、对内强化合作占据着地理优势，牢牢把握"一带一路"与沿线国家经贸合作的机会，实现了与沿线国家贸易合作稳步增长，仅 2019 年 1—8 月便与"一带一路"沿线国家实现外贸进出口 4 030.6 亿元，同比增长 7.5%，占全省的 30.2%。其中，出口 2 271.9 亿元，同比增长 12.4%，占全省的 30%。

3.2.7 良好的政策和市场环境

山东省在发展海洋产业进程中，积极推进山东半岛蓝色经济区建设，培养了许多传统海洋优势产业，推动了山东省经济社会的迅猛发展，而且颁布了许多推动海洋产业发展方针，例如《关于促进海洋产业加快发展的指导意见》《关于加快海洋循环经济发展的意见》《山东海洋功能区划（2011—2020 年)》等，推动当地海洋产业发展壮大。分析当前落实的行政举措，山东省主要从七个角度出发帮扶海洋产业，也就是土地与海域使用、投资融资、人才支持、海洋科技创新、对外开放、财税、深化改革，借助有效举措帮扶山东半岛蓝色经济区发展。

我国国际贸易市场的需求不断提升，在发展港口产业过程中获取了强大的发展机会。山东省海洋经济发展的基础设施是沿海港口，也是山东省具备优势的传统海洋产业，港口在海上运输能源物资以及外贸货物方面表现优异。"十二五"期间，山东省主要港口吞吐量不断递增，年均涨幅 15.96％，外贸吞吐量不断递增，年均涨幅 16％，高于山东省 GDP 的增长速度。大宗货物的吞吐量，例如，石油、煤炭、集装箱、铁矿石等不断递增。

3.3　山东省海洋产业发展的总体问题

3.3.1　产业集约化程度不强

山东半岛在海洋产业发展进程中，依据的是"大项目—产业链—产业群"的走向，利用传统优势产业，借助各种产业园区发展具备个性色彩的产业集群，获取了一定的成效。

但是山东省沿海城市的海洋经济产业集群也存在不理想的情形，园区集约化程度较低，产业群发育不完善。对比长三角以及珠三角区域经济，上述情形十分显著。山东省海洋产业配套率不高，仅为 20％，但是苏州开发区的产业配套率超过 85％，园区集约化程度较差，所以占地面积广但是产出不高。

3.3.2　产业结构不合理

山东省海洋经济发展过程中，传统产业有着强大的优势，构建了许多基础设施，打造了许多传统优势产业，例如，海洋渔业、船舶制造业、港口产业等。产业结构层次低，重工业占比较高。和山东省整体经济结构一致，山东半岛沿海各个地区的传统产业、低端产业、初级产业以及资源消耗型产业数量较多，但是新兴产业、高附加值产业以及高端产业稀少。山东省第三产业投资数额和第二产业相比相对较低，这也表征着绝大多数资金主要面向的是传统产业，并且山东省海洋产业在发展过程中缺乏资金，因此产业升级、产业机构优化、科技成果转化以及技术更迭等都存在限制，对当地海洋经济日后的发展有消极影响。

3.3.3 产业创新能力不足

山东省海洋科技力量全国领先，仅青岛一个城市便拥有约占全国五分之一的涉海科研机构、三分之一的部级以上涉海高端研发平台，涉海两院院士占全国总数的 27.7%。但省内海洋科研创新能力不足，山东省海洋科技创新的经济贡献率远低于国际水平，海洋科技成果转化不足。2019 年山东省海洋生产总值在我国 GDP 中占比不足 20%，这一比重小于广东省；青岛市是山东省海洋经济发展的龙头，掌握着得天独厚的技术支撑和人才基础，2019 年海洋生产总值仅占全市 GDP 比重约为 25%，低于上海市的 27.2%。

山东省涉海城市数量较多，如威海、烟台等，海洋产业基础好，但海洋科技创新水平却相差甚远，涉海企业与相邻城市科研院所的统筹合作不够，缺乏从区域战略出发的利益协调机制，相关调研不足。山东半岛沿海各个城市是纽带，把区域中各个城市以及经济实体密切关联在一起，合理的挖掘运用海洋资源。各个城市之间竞争多、合作少，缺少分工和整合，产业结构带有同质化的色彩，重复建设十分显著，发展缺少特色。

3.3.4 海洋产业省际同质化竞争激烈

我国的海洋大省除山东外，还有江苏省、福建省、广东省等。山东省虽有良好的海洋科研力量，但并未培育出独树一帜的海洋产业群，海洋新兴产业仍未成为主要的经济增长点。其他海洋大省往往具有更强的货物接收能力和更加合理的产业结构，在对外承接海洋业务的时候，往往和山东省形成激烈的竞争。其中，比较显著的就是与山东省相邻的海洋大省——江苏省。其中，南通市的海洋生产总值高达 2 000 亿元，在全国设区市中排在前列，占全市 GDP 总量的 26.9%；连云港市的涉海企业总计 1 万多个；盐城全市海洋经济生产总值不断递增，年均涨幅 18%，规模在千亿元以上，在 GDP 中占比 22%，海洋产业也是日后发展的主要走向。当前，盐城港"一港四区"打造了 21 个万吨级的码头，建设了许多开放口岸港区，例如，大丰、响水、射阳。连云港市万吨级码头总计 70 多个，吞吐量为 2.3 亿吨，加快建设 30 万吨级航道，向世界大港迈进。上海"北大门"南通市，有效实施江海联动、陆海统筹方针，促进产业转型、城市转型、交通转型，集中力量打造全市域发展新局面——"三港三城三基地"。因为山东和江苏两省天然接近的地理位置，所以在相关产业的承接和发展问题上，江苏省和山东省会产生一定的竞争；而且由于江苏省临近上海市，在相关的资源和机遇上，对比山东省而言，有比较明显的优势。

第4章

DISIZHANG

▶▶▶

不确定国际环境下的
山东省海洋产业

4.1 国际环境中的不确定因素

不确定国际环境主要是指那些对经济增长有明显影响，如国际金融波动、安全环境、重要资源供求等不断变动着的，且变动的走向、幅度、范围等一时还很难正确预测的因素导致的不稳定的国际环境。

4.1.1 中美贸易摩擦不断

全球价值链的出现以及发展促使中间品贸易不断发展。和传统的最终品贸易相比，中间品贸易为全球价值链的参与者提供了更多的就业机会以及社会福利，中美贸易对两国的社会福利以及劳动力市场都有很大的影响，许多学者以及政府人员十分重视，部分调研为 2018 年出现的中美贸易摩擦奠定了理论基础。

不管是理论层面还是实证层面，自由贸易都能够提升经济和福利。Costinot 等站在需求面视角上组织调研，美国源于贸易中的福利获益在 GDP 中占比为 2%~8%。就像 Feenstra 所提到的，贸易能够提高产品的多样性，推动破坏性的创造以及竞争效应，削减成本加成，提高总体福利。但是在推动企业破坏性创造进程中，依旧存在新旧产业企业工人调整等问题，对比贸易的整体福利影响，学术界和政策界矛盾十分严峻是因为贸易分配的影响，尤其是对劳动力市场的影响。

分析全球价值链对我国造成的影响，许多观点都主张改革开放以后对外贸易推动了国家的资本积累以及经济增长和就业增长，许多实证调研对上述言论加以证实，例如，LOS 等借助国家间投入产出表以及我国的就业数据分析了 1995—2011 年我国出口拉动就业的状况，调研指出，这一时间段内我国出口推动了就业，特别是低技术工人就业。

但是现如今各个学者有关美国和中国贸易对美国就业的影响存在不同的言论和主张。我国在加入世贸组织以后严重冲击了美国的劳动力市场，Autor 等调研影响力最大。Autor 等调研指出，因为中美贸易不平衡的情形十分严峻，并且美国劳动力的区域流动性不足，所以传统工业会被我国制造业的进口所影响，就业机会削减，失业人员难以流转到其他地区，只能参与到非制造业部门，比如服务部门，中低学历的劳动力被挤出。结合调研，美国制造业就业下滑四分之一是因为中国的进口递增。之后，Autor 等又一次表述了这一主张，并且提到了进口冲击造成的深层次影响，被冲击影响部门的产出下滑，上游部门的需求也随之下滑，所以进口冲击的影响延伸为直接影响以及对上游领域的间接影响，贸易还导致贫富差距愈发严峻，参照 Melitz 指出的新贸易理论，生产效率较高的美国企业倾向于出口，所以高生产效率的企业在贸易过程中不断拓宽生产，对高技能人才的需求不断递增，这些群体的工资率提高，制造业企业在竞争过程中优势不足，所以被进口所影响，工资率下滑，工资差距不断递增；除此之外，失业率提高导致民众的消费需求下滑，在乘数效应的影响下，全国 GDP 的增长下滑。Pierce 和 Schott 也指出，美国 2000 年之后制造业就业下滑是因为关税下滑造成中国进口不断递增，上述调研中都把 2000 年之后美国制造业下滑和中国参与世贸组织影响美国贸易递增密切关联在一起，也是美国落实贸易保护的关键依据，被学术领域以及政策领域普遍探讨和重视。

但是，Wang 等调研反对了上述结论，他们主张，调研忽视了全球价值链分工的意义。分析 2000 年之后美国自中国进口的产品，中间品比重不断递增，很多制造企业的规模拓宽都离不开从中国进口的中间品，中间品数量增加，进口企业雇佣的员工数量也持续增加，对就业有带动功效。因此，我们需要了解供应链机制，中国进口会对美国的就业渠道造成影响，主要从三个层面分析：其一是直接竞争效应，制造企业的就业呈现出下滑的态势，其二是供应链对美国上游企业造成影响，和中国进口的竞争并不是直接的，但是许多为美国其他企业供给中间品的企业被挤出市场，削减了就业机会；其三是美国下游企业，企业发展壮大需要中国的进口中间品，就业机会递增。直接的竞争效应对少数行业存在影响，但是下游渠道会对美国经济体造成严重影响，服务业也同样如此，结合调研，综合三类效应，和中国的贸易能够促使美国各个地区的就业提升27％，而且美国工人因为和中国贸易提供劳动报酬的员工占比75％。所以，和以往的调研结论不符，也验证了中国的贸易会正向影响美国就业，制造业就业同样如此。

美国与中国的贸易摩擦会严重影响中国的贸易以及经济增长，与此同时，美国政府落实贸易保护举措，中国以及世界其他国家也会采取有效的应对举措，对各个国家的贸易以及社会福利等都会造成影响。李春顶等借助一般均衡模型模拟了中美相互加征25％、35％、45％和55％的进口关税造成的经济影响，根据调研，关税加征45％的形势下，中国的出口会下滑11.77％，进口会下滑2.67％，美国出口会下滑6.11％，进口会下滑4.58％。刘元春模拟调研了标准静态GTAP对中美贸易摩擦造成的影响，中方和美方各自对彼此340亿美元的商品加征25％的关税，中国居民福利会削减83.78亿美元，GDP下滑0.34％。Guo等参照Eaton-Kortum指出的多国多部门一般均衡模型展开探究，如果美国对中国进口落实加征45％的关税的举措，国际贸易会面临严峻的消极影响，文章探究了我国以及世界其他国家落实加征关税举措以及不加税举措等形势下的影响，不管形势如何，美国都会面临严峻的福利损失，和美国比较，中国的损失更小，所以，对于美国政府落实的贸易保护主义举措，中国的政策空间更大。

在全球价值链分工之下，在贸易摩擦过程中被制裁的经济体主要承担的是出口产品在生产链中的某一生产工序。需要从上游国家进口原料以及零部件。被制裁国出口生产的下滑会造成其进口投入的下滑。中间投入品的进口主要源于其他各个经济体以及贸易保护的发起国。全球价值链分工时代的贸易摩擦会造成生产链条断裂，生产链中的各个经济体都会面临巨大的损失。损失的状况和链条的分割状况以及不同经济体中间品贸易的关联度密切相关，所以需要站在全球价值链角度，探究贸易对相关国家经济以及就业层面造成的影响，判断国家贸易政策造成的影响。这些对双边贸易以及全球多边贸易都有十分关键的影响，需要我们组织深层次调研。

中美贸易关系自从两国建立贸易关系以来就在摩擦和曲折中发展。近年，美国对华政策明显愈发强硬，目标瞄准"中国制造2025"，对中国商品全面加增关税。国内外专家学者、新闻媒体都对此分外关注。DonaldTusk、樊纲、周小川（2018）等专家在公开场合的讲话大致可归纳为：贸易摩擦来源于中美贸易逆差，是美国贸易保护主义行为，贸易摩擦对中国经济的影响有限，会导致双方两败俱伤。但 Schmidt（2004）、李若谷、陈定定（2018）等专家指出，美国对中国的看法已经发生根本性的变化，将中国视为战略竞争对手，中美关系将不只局限于贸易摩擦，将步入全面"脱钩"阶段，甚至可能在未来 5—10 年进入"黑暗期"。

对此，倪月菊、沈建光（2018）等学者持谨慎乐观的态度，认为中国通过积极有效的应对，可以变压力作为倒逼转型升级的动力，共建"一带一路"，打破美国的经济遏制。华民、邵宇（2018）等学者强调在这个过程中，一定要对中美贸易关系的变化有充分的认识，做好战略部署，避免产生经济危机，影响中国经济的稳定发展。总之，2018 年开始的新一轮的贸易摩擦标志着中美关系进入到新层次的竞争与合作。中美贸易不是单纯的经济决策，更是经济利益和政治现实的平衡。

崔立如（2019）指出，现在中美关系处在一个十分困难的时刻，困难是因为发生了大的转变：一是双方的力量对比发生了大的变化。这主要是因为中国的实力地位大幅上升，中美之间的差距明显缩小，这已是不争的事实。二是中美之间出现了新的战略态势，主要是美国在国家安全战略中把中国确定为美国的主要对手，认为大国竞争已经取代了恐怖主义的威胁成为主要的挑战，由此改变了中美关系双方之间的互动方式，也就是说战略竞争上升到这一对关系的主导面。由于这一指导思想的变化，美国采取了对华的全面防范，在多个领域里面叫对冲，在某些方面甚至采取了遏制的方式。最突出的特点就是中美关系当中的对冲，美国方面这种变化，中方做出反应，所以我们看到了一种和过去很多年完全不同的互动方式。三是中美关系呈现出一种超复杂的、既是对手关系也是伙伴关系的形态。在不少领域中我们还有合作，在很多方面更准确地描绘可以叫利益相关方。这些变化让两国关系进入了一个下行道，摩擦和紧张成为新的常态。双方在这个方面也有共识，就是防止形势发展失控，要进行风险管理、危机管理。

美国可能会通过各种各样的方式消耗中国，高的层面从政治上的争论来消耗，低的层面包括经济围堵、政治、军事等方面。近期可能看不到正面、直接、大规模冲突的风险，但是"耗"会很明显。另外"熬"也是，美国试图通过战略高度、意识形态、文化高度来占据合法性。美国的"民主峰会"就是熬住你、耗住你，用所谓的合纵连横的方式，用所谓的合法性来耗你。"熬"和"耗"是长时间的进程，这与"冷战"双方在小地方不断的军事冲突不一样（张颐武，2021）。

事实上，中美关系正陷入一种恶性循环，当前的关键是能否打破这种恶性循环，至少不能让它不受限制地继续下滑。中美关系目前面临的主要问题不是中国向美国施加压力，而是美国不断向中国施加压力。从中国的角度看，中国必须顶住美国的压力，两国关系才有转圜的可能（章百家，2022）。

4.1.2　全球新冠肺炎疫情发展的不确定

2019 年暴发的新冠肺炎疫情是近几年国际环境最大的不确定

因素之一。它的持续时间与强度超出了人们预期。2021年初，随着全球范围内有效疫苗的推出，市场普遍认为，到2021年下半年疫情将得到全面控制。但在2021年，新冠肺炎病毒变异毒株德尔塔（Delta）再次肆虐全球，导致全球疫情防控形势重新变得严峻。2021年末，南非又出现了新冠肺炎病毒最新变异毒株奥密克戎（Omicron）。相关研究表明，与之前的毒株相比，奥密克戎更会躲避抗体，对现有疫苗具有更强的抗药性。目前来看，2022年新冠肺炎疫情的全球演进形势并不乐观，对疫苗注射进度滞后的发展中国家（尤其是非洲国家）而言更是如此。在新冠肺炎疫情期间，国际贸易和往来受到了严重的冲击，国际贸易几近停滞。就目前看，新冠肺炎病毒变异还在继续，要做好长期抗疫的准备。

新冠肺炎疫情可能存在的长期化风险将加剧全球经济治理的不平衡性。技术不足和融资困难导致低收入经济体的低疫苗接种率，增加了新冠肺炎病毒持续变异的风险；融资困难导致低收入经济体难以通过财政政策支持受到疫情冲击的企业和家庭。全球贫富差距可能会加大，进一步带来全球经济治理的不平衡。

新冠肺炎疫情暴发后，美国政府使用了史无前例、极其宽松的财政货币政策用于救市。不到两年时间，美联储资产负债表的总规模翻了一倍以上，从4万亿美元增加到逼近9万亿美元。在宽松政策刺激下，美国通货膨胀形势显著恶化。从历史上来看，每当美联储进入货币政策紧缩周期，新兴市场与发展中国家都会面临短期资本大量外流、本币汇率面临贬值压力、国内风险资产价格下跌、本国经济增速放缓的不利冲击，严重情形下甚至可能引发货币危机、债务危机、金融危机甚至经济危机。如果美联储收紧货币政策的速度超出市场预期，那么新兴市场与发展中国家面临的冲击将更加猛烈。

新冠肺炎疫情造成了全球范围内不同程度的公共卫生危机，各国政府均采取不同程度的应对措施来防止疫情扩散。这些措施导致了社会经济活动的停滞，并对自然环境产生了不同程度的影响。目前对于新冠肺炎疫情影响的研究主要集中于陆地和大气领域，如发现碳排放量和大气污染物含量的降低、贫困和社会不平等的加剧、教育和就业机会的减少等。然而相关研究在海洋领域仍然较少并未得到充分的重视。

在海洋生态环境方面，随着沿海地区高度城市化以及人口增长，海洋生态环境负担日益加重。一方面，新冠肺炎疫情暴发以来的封锁和限制措施缓解了许多人类活动对于海洋的压力，如工业废水、噪声、旅游垃圾等。例如，由于疫情防控措施，意大利水都威尼斯旅游人口大幅减少，威尼斯水域水质变得清澈，可观察到的海洋生物种类及数量变多。全球航运货轮及客轮运输强度降低，水下噪声减小，船舶温室气体排放量减少。有研究发现，水下海豚的声音交流范围增加了65%，珊瑚礁鱼的总体密度增加了143%。另一方面，新冠肺炎疫情也造成一些负面影响。例如，疫情导致的封锁搁浅了许多海洋实地采样和调查计划，也使得海洋保护的科研预算被削减。疫情相关的医疗废物大幅增加，最终输入海洋导致后患无穷的塑料污染。据统计，亚洲和欧洲每年使用约3 500亿个口罩，全球超过2.5万吨的塑料废物（医疗废品、个人防护装备、网购快递包装等）已经被排放到海洋，成为微塑料污染的重要来源。由于沿海水域是城市废物和污水的最终出口，这些污染物及潜在的药物残留正在对红树林、海草床等近海生态系统构成巨大威胁。

在海洋社会经济方面，由于新冠肺炎疫情期间的交通运输的限制、游客的减少和消费需求的下降，沿海渔民收入大幅减少，失业问题严重，面临生计困境。据报道，部分发展中国家的渔民无法维持生计，被迫借高息贷款甚至在封锁期间进行非法捕捞。全球捕捞渔业和水产养殖业也同样受到严重影响。例如，新冠肺炎疫情暴发以来，作为全球最大的海鲜进口国和出口国之一，美国捕鱼量减少了40%，海鲜进出口量分别减少了37%和43%。此外，全球旅游客轮轮次持续减少，海洋旅游业遭受重创，沿海社区居民收入减少了约40%，其中依赖海洋旅游业的小岛屿发展中国家遭受了尤为巨大的经济冲击（许振赐，张鸿生，2022）。

4.1.3 地缘政治动荡

俄乌地缘政治冲突促使经济全球化格局深度快速演进。核心技术产业链和能源供应链重构是未来全球产业链供应链格局发生重构的焦点。产业链和供应链重构本身会带来动荡，而且重构又将在持续动荡的环境中进行，重构将随着地缘政治格局的演进而不断变化。全球产业链供应链重构成本既包括经济成本，也包括地缘政治成本，这一轮产业链和供应链重构必将是人类历史上成本最为昂贵的产业链和供应链重构，与20世纪90年代开启全球经济自由化时期的全球产业链供应链构建存在巨大差异。俄乌冲突进程中出现了一种极度不利于经济全球化治理的现象：稀缺资源或者公共资源都可以作为经济武器来互相伤害。国家或者经济体之间相互伤害的结果是，彼此之间信任关系部分甚至完全破裂，动摇和破坏了全球多边主义赖以生存和发展的信任基础（王晋斌，2022）。

俄乌地缘政治冲突改变了世界地缘政治格局，成为欧盟和俄罗斯关系的分水岭，激活了美国为首的北约冷战思维，对俄罗斯实施了史上最严厉的制裁，竭力挤压俄罗斯的发展空间。

地缘政治冲突所致的能源、食品价格持续上涨无疑是导致发达经济体高通胀的原因，欧洲能源的"脱俄化"和全球重要能源供给者对能源高价格溢价的贪婪，导致全球能源价格居高不下，且还有进一步上涨的风险。气候、地缘政治冲突以及新冠肺炎疫情导致食品紧缺及食品价格上涨，导致全球30多个经济体出台了不同程度限制粮食出口的政策，进一步推高了全球食品价格。

现如今世界格局不断变化，全球海洋也需要维系当前的秩序，适应新规则的变化。美国持续落实传统海上霸权的路线，欧盟提倡新兴的海洋环境治理路线，发展中国家集团利益存在严重分化，十分注重海洋保护以及可持续利用。分析涉海的双边机制以及多边机制，推动海洋的可持续发展是主流思想，也彰显了时代发展的走向。在可持续发展过程中，需要的是环保的、和平的海洋。全球海洋治理过程中，必须保护当前的海洋秩序，调整并拓宽海洋规则体系。现如今，全球海洋治理的焦点问题相对较多，主要有南极海洋保护、沿海国 200 海里以外的大陆架外部界限划定以及北极治理和海洋垃圾治理国家管辖区之外的海洋保护区设置，国际航运新规则、公海渔业管理、海底生态保护性要求以及区域矿产资源开采技术装备研发等。以上阐述的新规则以及法律制度在商谈过程中需要关注十大背景以及地缘政治格局，全方位的探究新规则的编制以及核心制度对当前国际海洋秩序造成的影响，特别是对长久利益及现有利益造成的影响。

4.1.4　单边主义抬头逆全球化、保护主义等

美国在全球不断地制造摩擦，多边主义遭到严重破坏。在重点经济区域上，美国不顾区域已有的经济合作，试图通过破坏区域经济合作来获取利益。2022 年 5 月，美国推出的"印太经济框架"（IPEF），配合美国的"印太战略"，服务于美国的根本利益，执意单方面强化与中国的竞争。

多边主义遭到破坏，单边主义盛行的背景下，全球宏观政策的协调陷于困境。美欧过于自我的激进宏观政策，对通胀过高容忍度带来了通胀的猝不及防，其经济从央行"爆表"快速踏上了通胀"爆表"的荆棘之路。美联储政策性利率的大幅度上调和美国经济增速快速下降，将给全球经济增长和金融市场带来持续的动荡，其破坏力会逐步显示出来。

在美国转向"美国优先"贸易保护主义之前，发达国家已经出现了不同程度的制造业回流现象。2011—2014 年，美国、法国、德国和意大利四国的化工产品、金属产品、电子电气产品是回流最多的产业，其中化工产品企业的回流最为明显。美国《外交》杂志网站上的一篇文章称，"从气候变化到经济发展，从疫情蔓延到全球贸易规则，美国以民主为名的外交政策加深了全球民主危机，阻挠了世界上许多民主国家的优先事项，这使美国权力失去合法性"。林赛集团（Lindsey Group）高级顾问约瑟夫·沙利文（Joseph Sullivan）在双月刊《外交政策》（*Foreign Policy*）网站上写道，

"美国政府继续以牺牲世界其他地区为代价追求美国利益"。美国采取的保护主义措施，如关税和科技禁令，增加了跨境贸易成本，显著提高了中间产品和产业链的成本，影响了全球跨国公司的生产决策和布局，导致许多产业链回流和转移，需要重组全球贸易体系的价值链、产业链和供应链。

当前发达国家主导的绝大多数区域合作均为对内开放、对外封闭。各个成员借助制度部署完成贸易、技术以及投资等要素的自由流转，但是对区域外国家以及企业来说，准入标准相对较高，排他性以及歧视性十分显著。经济治理规则碎片化导致各个经济体竞争严峻，整合不到位，对国际市场的要素流动和资源配置有很大的阻碍。各个国家出现了自保的思想，保护自己的产业优势。在"蛋糕"难以做大的背景下会对其他国家造成挤压，以美国为代表的西方国家是典型代表，打压技术发展型国家产业链迈向高端化，例如中国。"蛋糕"不能做大主要是因为全球化红利达到了临界点，贸易便利化的功能难以扩张。原本迈向普惠制发展的全球自由贸易架构以及区域自由贸易框架等出现了制度性的改变。

在全球贸易体系重构的当下，中国需要高度重视这一轮全球贸易体系大变局带来的深远影响，通过推进改革开放和加强外交运筹的两手来应对危机，实现中国从贸易大国向贸易强国的转变。与此同时，我国借助"一带一路"倡议以及部分双边合作机制等缓和了全球贸易下滑的态势。

中国应坚定不移地推进经济全球化，巩固全球化发展成果，立足于中国发展实际，内外兼修，不断推进高水平对外开放。对内要注重国内统一大市场建设，供给侧结构性改革与需求侧扩大消费并举，深化体制改革，提升市场效率，畅通生产、分配、流通、消费各环节，充分挖掘和持续发挥超大规模市场潜力和优势，引领国内外资源的有效配置；积极建设自主创新体系，打造创新创业的环境氛围，加大研发投入，注重科技人才建设，发挥创新链赋能产业链供应链的效能，形成产业链和供应链高质量稳定发展能力。

对外要加大合作步伐，对接国际高水平经贸规则，持续改善营商环境，以制度优势、市场优势和相对成本优势大力吸引跨国公司布局产业链，引导外资流向高科技投资方向，推动外资研发中心建设，充分利用技术外溢效应，深化与友好国家和机构的科技和人才交流合作，发挥学习能力，形成先进技术的积累；坚持以互利互惠、合作共赢原则大力推进国际区域经济一体化，全面落实 RCEP协议，深化金砖、上合等区域合作机制，推进亚太、中非、中阿自贸区建设，扩大"一带一路"朋友圈，引领发展中国家经济发展与进步，形成真正"公平正义、开放包容、共建共享"的经济全球化治理机制。

4.1.5 RCEP 带来的机遇和挑战

2020 年 11 月 15 日，东盟十国与中国、日本、韩国、澳大利亚、新西兰共十五国在第四次区域全面经济伙伴关系协定领导人会议上正式签署了《区域全面经济伙伴关系协定》（regional comprehensive economic partnership，简称 RCEP)，该协议的签署标志着世界上经济贸易规模最大、人口最多、发展潜力最大的自由贸易区的正式建立。作为当前世界上最大的自贸区，RCEP 拥有中国、日本、韩国、澳大利亚、新西兰和东盟十国 15 个成员国，人口、经济、贸易等方面都占全球总量的近三分之一。协议主要涵盖货物贸易、服务贸易、海关程序和贸易便利化等领域，要求成员国在协定生效后，通过立即减税和在 10 年内逐步减税，最终实现该区域 90％以上的商品零关税。

RCEP 是东盟十国发起的世界上规模最大的自贸协定，这超大的经济体量加强了东盟在区域的核心地位，并强化了东盟与其他地区的合作关系。在不久的将来，亚太地区将会成为全球经济发展的轴心和引擎，亚洲也会逐步成为全球最大的集生产、供应与消费于一体的区域，全球经济将会进入一个所谓的"亚太时代"。

RCEP 签署和生效，最重要的战略意义是打破了此前我国与日韩并未建立起的"整体性、经济性合作机制安排"的束缚，为东亚区域合作共赢和深化发展廓清障碍。在 RCEP 协议框架下，中日韩自贸区可能会进一步降低关税以及升级电子商务等规则的运用。中日韩 GDP 总量占世界 GDP 的 20% 以上，占亚洲 GDP 的 70% 以上，这将推动亚洲乃至世界的经济和贸易发展。作为距离日韩两国最近的中国省份，山东省是日韩在中国投资的重要目的地之一。山东省还是"丝绸之路经济带"与 21 世纪"海上丝绸之路"的重要交汇点、双向桥头堡。独特的区位优势为山东省与日韩经贸奠定了坚实基础。

作为中日韩开展经贸合作的重要载体和文化交流的前沿领地，山东省港口早已成为深度服务和全面融入 RCEP 的战略支点。据以往年度联合年检数据，日韩两国在山东省现存投资企业近 6 000 家，投资总额超 300 亿元，从业人员 30 余万人，凭借中日韩经济合作示范区良好基础和丰硕成果，山东省更是获得了接轨国际最高经贸规则、升级合作层级、拓展东亚产业链条的历史机遇和战略窗口，具体在交通和海运合作领域，使山东省港口搭建"日韩—中国（山东）—东盟"海洋高速通道成为可能。RCEP 框架下的多边关税减让政策也将进一步扩大山东省港口与日韩合作成果，全面提升山东省港口在航运要素集聚和区域资源配置方面的影响力和平台作用。

受到"逆全球化"、新冠肺炎疫情影响，全球产业链、价值链以及供应链逐渐模糊，导致"断供"的风险，在签订 RCEP 之后，区域内各个成员国商品流动、资源、服务资本、技术和人才合作更为方便，对价值创造以及资源整合有积极意义。不确定的外部环境为 RCEP 区域内跨境电商带了发展契机，这为海洋交通运输业开辟了广阔的市场。山东省作为港口的直接经济腹地，产业门类齐全，经济体量庞大，产业结构均衡，农业、电子计算机、汽车、水泥、化肥、轮胎、氧化铝、纸浆、啤酒、葡萄酒等产量均居全国第一。农产品作为山东省重要支柱产业，2021 年外贸出口额达 1 238.4 亿元，占全国农产品出口总值的 22.7%，连续 23 年位居全国首位，其中出口至日本、东盟、欧盟农产品总值分别为 284 亿元、234.4 亿元和 152.4 亿元。日韩是山东省特色农产品、化纤针织服装、汽车零配件、电子机械等产品重要进出口市场。山东省凭借全产业链优势可全面对接 RCEP 生效后带来的货物贸易增长，为山东省港口高质量发展提供基础支撑。借助 RCEP 东风，山东省要抓住与日韩深化经贸关系的机遇，推动与日韩高质量合作驶入深水区，以与日韩经贸为重要落脚点，为山东省海洋产业高质量发展开辟更广阔的前景。

为确保国际贸易供应链高效，山东省加强了智慧码头构建。济南、青岛、烟台市全域以及其他 14 个区市集中力量打造国家和省级经济技术开发区、高新技术产业开发区、海关特殊监管区，将梯次扩散和节点辐射密切关联在一起，确保全面推进以及集中集约的相互适应，促使新旧动能转变成综合部署，也就是"三核引领、多点突破、融合互动"。融合了物联网、智能控制、信息管理、通信导航、大数据、云计算等先进技术的青岛港自动化集装箱码头发展迅速，成为全球首个 5G 智慧码头。国际物流大通道、港口航运综合大数据公共服务平台、港口航运公共资源交易服务平台、智慧港航公共服务平台、港口航运数据中心等建设将促进港口转型升级，为山东省海洋经济高质量发展提供有力支撑。

RCEP 在给山东省海洋经济发展带来机遇的同时也引入了竞争。当前山东省海洋产业仍以传统产业作为支柱产业，新兴产业有待培育。目前山东省港口在 RCEP 区域海外业务布局只有缅甸皎漂油码头劳务输出项目和以非洲业务为主的烟台港新加坡公司，海外业务布局集中且有限，缺少实质性市场经营实体，整体国际化业务布局层级较低，市场开发体系和海外项目管理能力薄弱。此外，RCEP 作为全面战略合作协议，未来山东省港口的国际合作不仅仅局限于港口物流等基础领域，国际贸易、产业投资、金融保险、文化旅游等也将成为着力点。尽管目前山东省港口已形成传统业务和新兴业务齐头并进的良好发展态势，但由于缺乏对于 RCEP 成员国市场长期系统的跟踪研究，新项目开拓难度大，自身新兴业务亦多处于起步阶段，市场份额小、成熟度低、竞争力不足，对抢抓 RCEP 机遇加快新兴业务发展缺少足够实践经验和有效支撑。

4.2 全球价值链竞争策略

4.2.1 全球价值链

1. 全球价值链概念

价值链的概念最先是被波特指出的，表述的是单个企业创造价值过程被细分成许多独立的但是功能密切关联的生产经营活动，经营活动所形成的价值密切关联构成了"价值链"的最初形态。因为各个企业的合作交流愈发密切，所以指出了从供应商到分销商的"价值链系统"概念，把原本限制在单个企业内部的价值链延伸到了企业间，各个企业的纵向合作在管理学领域被称作是"供应链管理"。

全球价值链（global value chains，简称 GVC）参照了格里菲（Gereffi，1999）指出的全球商品链理论，其出现是各个学者协作努力的结果。全球价值链是全球性跨企业网络组织，为实现商品和服务的价值，把各个环节密切关联在一起，例如，原料获取、运输、半成品和成品的生产、销售、消费和回收处理。全球价值链涉及所有参与者、生产销售活动、利润分配。在全球价值链上的各个企业都十分注重各个环节的增值活动，例如，设计环节、产品开发环节、生产制造环节、营销环节、销售环节、消费环节、售后服务环节、循环利用环节。

联合国工业发展组织定义了全球价值链，是全球性跨企业网络组织，为实现商品和服务的价值，把各个环节密切关联在一起，例如，原料获取、运输、半成品和成品的生产、销售、消费和回收处理。全球价值链涉及所有参与者、生产销售活动、利润分配。在全球价值链上的各个企业都十分注重各个环节的增值活动，例如，设计环节、产品开发环节、生产制造环节、营销环节、销售环节、消费环节、售后服务环节、循环利用环节。

结合以上阐述的内涵能够知道，全球价值链是从纵向角度出发对全球经济组织加以探究，全球生产网络偏好站在横向以及纵向等不同的视角上对经济组织展开调研。产品越复杂，生产涵盖的流程也就越复杂，纵向维度越长，产业规模越大，分工专业化也能提高规模经济的概率，横向维度越发达，生产网络的结构越复杂，规模也不断递增。全球生产网络是全球价值链的高级形式，是生产网络的初级形式，从理论调研的角度出发意义重大。所以，全球价值链治理也被当成是生产网络的治理。

全球价值链分工中，一个国家不单单是在最终产品领域的分工生产，一般来说还包含价值链上特殊环境组织生产。分析对价值链上分工结构造成影响的有关要素？许多传统贸易理论认为，各个国家要素禀赋有很大差别，例如，李嘉图的比较优势理论以及赫克歇尔-俄林模型的要素禀赋理论，因此各个国家的比较优势存在很大差别，对分工结构以及国际贸易格局也会有很大影响。从山东省海洋产业角度出发，特定的海洋自然资源和良好的海洋科研基础是山东省海洋产业的发展基石。在基础上，山东省海洋产业如何借助要素禀赋，参与全球竞争，在全球价值链中处于何等地位，取决于山东省海洋产业的产品、结构、规模、成本等多种因素。

全球价值链中的生产活动涉及全球各个地区。各个参与企业担负各个环节的功能，获取对应的收益，和主供应商以及跨国公司相互合作确保链条的长久运转。

全球价值链涉及许多环节，其一是技术环节，主要指的是研发、技术、创意设计、技术培训；其二是生产环节，主要指的是终端加工、质量控制、全球价值链系统生产、采购、测试、包装以及库存管理；其三是营销环节，主要指的是销售后勤、零售、批发及品牌推广、售后服务。由于这些环节或者活动本质上就是一个个价值创造过程，全球价值链其前后有序的承接关系也就可以用价值链条的形式来表示了。分析增值能力，各个环节形状为 U 形，被称为"微笑曲线"。各个环节的附加值有很大不同，曲线中间的环节有零部件、装备以及加工制造，附加值不高，处在曲线两端的环节包括品牌、设计、研发以及市场营销等环节，附加值较高。

"微笑曲线"的前提是产业链上资源的畅通获取。全球分工体系之下，各个环节都能跨越，形成密切关联的链条，受到新冠肺炎疫情的影响，产业链中断，在这一背景下，我国全产业链能力充分体现，产业链的完整和畅通体现了巨大的价值。从市场、产能到供给，我国都是这一链条上不可或缺的一环。麦肯锡提到，全球价值链重构导致劳动力成本的功效持续削弱，生产效率以及基础设施等要素的重要性不断提升，我国在全球各个国家中拥有的工业门类最全，占据着有利位置。我国已在一些全球领先的行业或者领域形成产业群，并成为吸引海外企业投资中国市场的主要因素之一。

山东省海洋产业有着同样的特点。虽在技术研发、服务和品牌上多有欠缺，但山东省海洋一二三产业结构完整，能构成完整的海洋产业价值链。在"双循环"发展战略中，要肯定山东省海洋的产业基础，发挥产业优势，借助"一带一路"倡议和RCEP发展契机，找准突破口，加大投资做好配套，着力解决海洋产业技术创新问题。在做强传统产业的基础上，打造现代海洋产业体系，推进海洋新兴产业的发展，例如，海洋生物医药、高端装备制造、新能源、新材料等，占领全球产业链制高点，创造更高的产业价值。

2. 全球价值链与产业转移

产业转移指的是某一产业的部分生产能力或全部生产能力从某一区位转移到另一区位。全球价值链不断发展，促使垂直专业化的生产逐渐转移到了成本更为低廉的地区，生产工序也更加细致，并且转移到了许多不同的国家和地区，能够充分利用当地的要素价格、要素禀赋、技术层面的有利条件，因此，全球价值链的发展以及时空演变对产业转移规模的不断递增有一定的推动功效。全球价值链是不断变化的，所以部分产业在全球范围内存在时间以及空间等不同维度的转移。一般来说，产业转移的形式主要是贸易或对外投资。在以往30—40年的时间里，全球价值链发展势头十分强劲，G7经济体在世界制造业产值中的份额之和不断下滑，1990年的占比为65%，截至2010年已经下滑到47%，下降了18个百分点。

产业转移包括两个视角，从狭义的角度出发，产业转移指的是站在微观视角上，对企业产能的变动组织考察，即企业将部分或各个生产功能从某一生产地区转移到其他地区。从广义的角度出发，产业转移指的是站在宏观视角上，对产业规模在各个区位之间的变动组织考察，也就是在一定的时间段内，各个地域的比较优势变化造成产业空间分布的重新规划。宏观视角下的调研主要是以产业为切入点，探究了产业在不同区位之间的规模在不同时期的演变机理，主要包括产品生命周期模型雁阵范式、劳动密集型产业转移理论以及产业边际扩张理论。微观视角下的调研主要关注的是产业转移的主体，也就是跨国企业在组织生产转移决策以及生产区位选取层面的机理。

Dunnin 归纳了对跨国企业行为以及外商直接投资存在影响的三个要素：所有权优势、区位优势、市场内部化优势。Jensen 和 Pedersen 指出，选取的生产区位必须结合区位特点，和产业转移动机相互适应，产业转移动机主要包括以下几种：效率谋求型、战略资产谋求型、自然资源谋求型、市场谋求型。山东省海洋产业在招商引资和招商引智，吸引先进海洋企业入驻的计划中，要利用自身的资源和市场，做好政策引领和配套服务，培育海洋高端产业集群。

全球价值链发展对全球产业转移有着重要的驱动功效。2008年爆发了国际金融危机，自此以后，全球经济呈现出逆全球化的态势，全球价值链需要重新架构。英国脱欧以及中美贸易摩擦不断递增，导致世界经济和全球价值链的演变更加模糊，出现了相关产业的产业回流。特别是发达经济体高端制造业的回流。在之前世界大规模产业转移时，我国是一大关键的承接国，逐步进入了经济发展新常态，并且加深了供给侧变革，在全球产业转移布局以及全球价值链中演绎的角色出现了巨大变化。在新时期全球价值链不断变化进程中，山东省海洋产业发展也需要及时精准地把握产业转移的格局，不断创新产业转移的机理，探究各个类型以及各个发展层次海洋产业转移的特点，加快海洋产业的转型升级。

3. 全球价值链与产业升级

在产业转移的背景下，出现了共生话题，也就是产业升级，在出现全球价值链以前，产业升级的含义是国民经济中各个产业的占比持续改变，也就是劳动力密集型、技术密集型、资本密集型以及知识密集型产业的不断变化。从发达国家角度来说，需要依赖颠覆性的技术完成产业升级，从发展中国家角度来说，产业升级必须确保要素禀赋出现变动，也就是说资本以及劳动的比率水平不断提升。从传统贸易领域出发，发展中国家通常来说利用进口替代以及出口导向的贸易举措来促进工业化的发展以及产业升级。

最近几十年，由于生产工序出现了全球分割化的情形，产业升级的内涵也不断延伸，不仅仅涉及传统各个产业之间的结构升级，同时还涵盖了产业内部公益、价值链以及功能等不同形态的升级。Gereffi 调研指出，产业升级指的是提升某一企业或国家的资本以及技能密集型活动的能力，促使他们获取更多的利益，也不断提升技术。全球价值链上的主导企业有效的治理价值链有助于发展中国家不断优化自己的产业集群。Humphrey 和 Schmitz 细致地划分了全球价值链的产业升级含义，主要包括产品升级、工艺流程升级、价值链升级以及功能升级。工艺流程升级指的是转变生产的步骤，运用高新技术来促使投入产出转化效率不断提升。功能升级指的是转变自己在价值链中所处的位置，促使技术以及知识含量不断提升，愈发注重附加值以及深加工水平的发展。产品升级指的是提升产品的质量，拓宽产品的类型；价值链升级，指从现在所处的价值链跨越到新的相关的价值链。

在全球价值链分工背景下，发达国家能够把效率以及附加值相对较低的生产任务转移到工资水平相对较低的发展中经济体，并且集中力量生产。附加值相对较高以及效率相对较高的生产任务，专业化的分工有助于削减生产成本，促使生产效率不断提升，对于资源的分配也有一定的优化功效，有助于新技术的研发以及产业优化。

全球价值链是发展中经济体产业升级的一种方式。山东省海洋产业可以通过承接发达经济体外包的生产任务参与到全球价值链中。源于发达国家的进口中间品。涵盖了许多技术含量，价值列中的技术溢出效应对于发展中国家提升出口产品的质量有积极意义。并且溢出效应在产品进口以及外商直接投资领域有着更为优秀的表现。积极参与全球价值链，发展中经济体能够借助"技术溢出效应"以及"干中学"促使生产效率以及技术水平不断提升，之后一步步迈向附加值更高的生产环节，完成产业优化。借助这种方式进行的产业升级效果与当地的制度、政策和环境息息相关。如果在这个过程中没有实现技术的吸收和转化，在全球价值链分工中则可能陷入价值链低端发展的陷阱。因此，通过吸引外资、进行离岸外包等方式进行海洋产业的升级，要制定恰当的制度和规则，既做好知识产权的保护，又要培育人才和产业，最终实现技术和产业的升级。

最近几年，我国劳动力成本不断提高，资源环境的管束更加严谨，原本参与全球价值链分工的模式很难维系，我国以往的全球价值链中低端节点的加工产业逐渐转移到了其他发展中国家。我国的制造业遭遇了中高端节点向发达国家转移的压力以及中低端节点流向发展中国家的压力。在这一情形下，我国产业更加注重全球价值链升级问题。

4.2.2 全球价值链发展趋势及应对

2008年全球金融危机以来，多重挑战已使全球价值链扩张停滞。首先，全球金融危机之后，最具活力的地区和行业的生产分散化已经较为成熟，而且全球出现普遍性的产能过剩，全球价值链上的投资扩张动能不足，以往贸易拉动式的增长模式不再持续，国际贸易向高质量发展。

其次，新冠肺炎疫情的破坏使全球价值链失去扩张动力。新冠肺炎疫情对经济活动的破坏途径之一是通过影响全球价值链，放大了其对贸易、生产和金融市场的冲击。新冠肺炎疫情和疫情防控措施导致工厂关停、劳动力不足、运输延迟等问题出现，致使中间产品的交付中断，企业无法获得关键投入品，这严重干扰了实行实时生产的现代制造业生产方式。世界贸易的一半是通过全球价值链实现的,而全球价值链高度依赖于准时交付和精益管理,这在新冠肺炎疫情遍布全球的情况下不可能实现。世界贸易在新冠肺炎疫情期间断崖式下降,发达经济体的跨国企业纷纷下调盈利预期,全球FDI 下降 30%～40%。新冠肺炎疫情全球蔓延对跨国企业的对外直接投资、并购等活动造成直接打击,这将进一步放缓全球价值链的扩张。中期来看,企业可能会尝试通过增加其供应商的地域多样性来降低供应链的风险敞口。同时需要警惕新冠肺炎疫情可能成为新一轮贸易保护主义抬头的契机。

最后,以美国为首的部分国家开始施行贸易保护主义政策,促使供应链回到本国或转移到其他地区,打乱了生产要素在全球价值链的自由流动,影响了全球自由贸易的发展。美国的企业享受了全球化的廉价供给、在全球价值链中攫取了高额利润却没有让本国民众参与分享。在面对国家经济增长的衰退时美国政府树立假想敌,违反公平竞争原则,鼓吹民粹式的"美国优先"贸易保护主义,开展对他国的贸易制约。贸易摩擦使全球贸易治理体系恶化,全球价值链流通受限,生产网络被阻断,供应链不稳定,迫使制造业回流国内,出现"逆全球化"。具体表现是全球价值链核心企业重新评估原有的生产网络,尝试制造环节的回流或供应商更新,造成全球价值链重塑。在这个过程中,必然存在着一段时间的试错、不稳定、产业迁移等问题。跨境投资增长停滞,全球贸易增长放缓,依托于传统全球价值链分工的产业链出现转移甚至萎缩的趋势。新冠肺炎疫情的全球大流行,进一步加速了全球价值链的重构和调整,产业链和供应链安全问题被提到了前所未有的高度,世界各国对价值链分工"效率"的关注逐渐向价值链"韧性"转变。具体而言,当前全球价值链的发展呈现出如下趋势。

1. 全球价值链在横向分布上趋于区域化、本土化

从宏观角度出发,区域经济逐渐一体化,贸易保护主义的增多以及地缘政治关系的持续紧张,再加上新冠肺炎疫情的巨大冲击,全球价值链的区域化趋势可能被进一步强化。在微观层面上,那些对新冠肺炎疫情和地缘冲突较敏感、对全球价值链和供应链较为依

赖的企业受到的负面冲击最大；有的甚至直接面临生死存亡的抉择，而不是能否以及在多大程度上获得利润。这些严峻的现实都将促使企业特别是跨国公司重新思考其生产、投资及空间布局。适当缩短价值链、增强供应链韧性将成为这些企业优先考虑的选项。当前，被拆分到不同国家和地区的多个生产环节向某区域内或一国及周边地区收缩和集聚，全球价值链区域化和本土化属性不断增强。一方面，以中国、美国和德国分别作为亚洲、北美和欧洲区域价值链枢纽国的"三足鼎立"格局已经形成，区域贸易协定的蓬勃发展也不断为全球价值链区域化注入动力，区域内的价值链联系不断强化。另一方面，以美国、日本、欧盟等为代表的发达国家和地区展现出强烈的本土化诉求，试图通过推进"再工业化"解决国内产业空心化困境，降低在面临突发冲击时对其他国家过度依赖导致的"断供"风险。

对山东省海洋产业来说，面对全球价值链的区域化，以往依赖对外贸易的经济增长方式不能持续，招商引资也会比较困难。因此需要构建国内国际双循环系统，逐渐打造新发展格局，国内大循环占据主体，国内国际双循环相互促进。及时调整自身位置，打造新的"比较优势"，推动形成新的全球价值链网络系统；下功夫进行自主创新，努力在价值链中向上攀升，锻造具有更强竞争力、更有韧性的产业链，重塑山东省海洋产业在全球价值链中的竞争地位。

2. 全球价值链在纵向分布上趋于短链化

全球贸易保护主义有所抬头，发达国家鼓励产业回流本国对全球价值链缩短形成一定影响。同时，新冠肺炎疫情的波及面较广、持续时间较长，对更长链条、更多环节的传统全球价值链分工体系的冲击更为严重和持久，为此，跨国公司逐步收缩全球价值链以保障产业链供应链安全稳定。此外，人工智能等新兴技术的广泛应用，极大提升了各生产环节的知识和技术密集度，削弱了跨国公司寻找"成本洼地"以细化分工的内在动机，导致价值链分工布局呈现短链化趋势。信息通信技术扩大了生产的自动化范围，而自动化则意味着机器或机器人可以以更低的成本替代劳动力，因此自动化有可能抵消低技能、低工资国家和地区的比较优势，导致生产重新外包，从而缩短全球生产链。以前，价值链高端产业主要集中于发达经济体，而价值链低端产业主要集中于发展中经济体与转型经济体。这种二元分布网络将会被打破，发展中经济体参与全球竞争的机会将越来越少。

山东省本身的经济环境与广东、江苏等省存在差距，对企业的吸引力不够强。在新的国际环境下，山东省海洋产业可能面临更为突出的产业链向外转移风险。发达国家加速高端制造业回流本土，在很大程度上导致部分高端产业链向外转移的风险。中美贸易摩擦后关税加征增加了成本，伴随省内劳动力要素成本提高，部分劳动密集型产业正在向东南亚国家和其他地区分流。但这也倒逼山东省海洋企业加速提升自主创新能力，突破核心技术和关键零部件等"卡脖子"局面，力争向全球价值链高端攀升。

3. 基于价值观的价值链分工日渐显现

随着科技创新与数字经济发展，价值链体现出区域化和短小化，制造业价值链体现出智能化、集中化和本地化，全球价值链的竞争性与排他性日益加剧，之前全球价值链分工表现出来的互补性与兼容性将随之减弱。在数字经济时代，全球价值链分工的物质基础条件充分，但价值观、思想和意识形态等非物质方面的影响逐渐上升。全球价值链分工越来越多的带有价值观色彩。外交和贸易的交织，让价值链分工充满了不确定和不稳定。价值观、意识形态、体制和制度的冲突将导致价值链和产业链的"断裂"或"脱钩"。

由于意识形态差异，中国可能被排除在某些区域价值链之外，这也为建立"以我为主"的区域价值链体系创造了新的机会。近年，以发达国家为主导的自贸协定试图将中国进一步挤出其区域价值链。但伴随"一带一路"倡议的高质量共建，签署《区域全面经济伙伴关系协定》（RCEP）所带来的亚洲区域经济合作夯实，以及中国正式申请加入《全面与进步跨太平洋伙伴关系协定》（CPTPP）等更多区域贸易协定和经济合作方式的推进，为中国建立"以我为主"的区域价值链体系，搭建更高水平国际合作新平台提供了重要抓手。山东省海洋产业要紧跟国家战略部署，早规划、早布局，借助自身区位和产业优势，开拓新市场，发展新产业，为山东省海洋经济的发展赋能。

4. 全球价值链在转型方向上趋于数字化

数字经济正不断改变和重塑全球生产分工模式。一方面，那些较难开展贸易且具备较强地域属性的传统服务，在数字经济的赋能下转变为几乎不受地理限制的贸易产品。另一方面，数字经济的广泛使用降低了全球价值链各个环节的互联互通成本，从而帮助更多企业参与其中。新冠肺炎疫情使得人民生活、国际贸易、社会发展等多个方面出现了显著的数字化变革，加速了全球价值链数字化转型趋势。新科技革命和数字经济条件下的价值链分工对于那些在服务业与数字产业开放方面相对落后的国家而言，将是巨大的挑战与考验。

发达国家可能借助在数字贸易规则制定等方面的先发优势对中国形成制约，但中国也可把握数字革命的历史机遇期，实现数字化转型升级。当前，数字贸易领域的国际规则制定相对滞后，较为系统的"美式模板"和"欧式模板"之间存在分歧，中国等发展中国家在国际经贸规则制定方面的话语权也有待增强。同时，由于目前全球数字经济的统一规则尚不明确，超大市场规模和完善的配套基础设施，有助于我国吸引全球先进要素和引领数字规则制定。

当前我国跨境电商虽已经走在了世界前列，但因为各地文化存在很大的差别，海洋运输配送难度较大，支付信任存在问题，宽带成本以及网速等存在限制，跨境电商在发展进程中还有许多需要应对的难题。签订 RCEP，在区域内对上述问题应对指明了方向，健全跨境电商的推动举措，帮扶其发展，是产业革命发展的有效手段。在签订 RCEP，生效之后，区内跨境电商市场迅速发展，趋于规范化，构建紧密的生态链以及服务链，这些都离不开海洋交通运输服务的物流保证。跨境电商发展服务平台的发展，配套物流服务体系的建设都离不开高质量的海洋运输服务。这将是加快山东省海洋产业转型升级，提高产业质量，优化服务水平的机遇。

5. 全球价值链在升级导向上趋于绿色化

伴随各国对绿色发展的持续关注，绿色化成为全球价值链转型升级的新方向。当前，全球已有130多个国家和地区宣布了"碳中和"目标，欧盟委员会也于2021年7月编制了"碳边界调节机制"立法草案。全球已经达成了共识，解决气候变化，促进绿色发展，必将通过全球价值链分工影响到未来全球产业发展和布局的方向。

全球价值链绿色化将为山东省海洋产业融入全球生产分工体系设置更高门槛，同时也带来了新一轮国际竞争的机遇。短期看，全球绿色化发展趋势虽然在短期会对山东省现有的贸易模式和产业结构形成一定冲击，但这一趋势与我国主张的力争2030年前实现碳达峰、2060年前实现碳中和等目标一致，山东省海洋产业需要提速海洋新兴产业发展，加快产业结构升级，促使自身通过绿色化、低碳化的全方位变革，获得未来全球竞争的先发优势。

全球经济增长复苏乏力、新冠肺炎疫情的长期影响和中美贸易摩擦的共同作用下，严重冲击全球价值链分工体系，导致我国产业链、供应链面临脱钩的风险，凸显我国在关键领域核心技术、零部件、原材料等方面的短板，成为掣肘我国经济高质量发展的瓶颈。面对世界百年未有之大变局，山东省海洋产业要充分认识到当前的形势，认识到全球产业链的特点和发展趋势，共建"一带一路"，坚持"双循环"的发展战略，早作布局、积极拓展，立足国内市场，开辟新的海外市场。改变以往产业升级对外贸的依赖性，主动改革创新，开辟新发展格局，这不仅是当前应对全球价值链重构冲击的有效策略，更是长期指引山东省海洋产业实现全球价值链跃升及经济高质量发展的重大战略选择。

4.2.3　全球价值链参与策略

全球价值链从根本上来说展示的是世界经济关系的模式，彰显了世界资源的分配状况。首先，各个国家的历史、经济基础以及文化等存在很大的差别，在全球价值链中所处的层次不同，其次，在国家以及企业的全球价值链等级中，国际政治影响力也发挥着重要影响。除此之外，国际贸易环境也会制约一国在价值链上的、对国家内企业的国际竞争力造成影响。从这个角度看，一国企业的竞争力立足于母国所处的价值链层级。并且各个国家的企业因为其产业的竞争能力存在很大的差别，所以在全球价值链中的等级也存在巨大差别。从这个角度可以说，国家即企业的汇总。总的来说，国家综合实力对全球价值链中的等级有决定性影响，等级也会对其自身的竞争力造成巨大影响。伴随国家政治经济和国际地位的改变，所处的全球价值链地位也会发生变化。

1. 变局前中国对全球价值链的参与

20 世纪 80 年代以来，跨国公司在全球范围内进行生产布局，将某一特定产品的不同生产环节分散到不同的国家和地区，国际分工形式发生了重大的变化。这种全球配置资源的经营方式与片段化的生成方式通过快速增长的中间产品贸易将世界各国前所未有地连接起来，在全球形成一个价值链条。

1990—2007 年，交通、信息和通信领域的技术进步，以及全球贸易壁垒快速降低都推动了跨国公司生产流程全球再布局，全球价值链的增长尤为迅速。

全球价值链的增长主要集中在机械、电子和交通行业。在这些行业中，北美、东亚和西欧占据优势，许多发达国家都处在全球价值链中，供给的产品以及服务等十分先进，重视创新活动。与之对比，非洲、拉美和中亚的部分发展中国家关注的是产品生产时的某一环节，例如，加工装配等低端的制造业生产活动。

中国是全球价值链扩张过程中最大的贡献者。第一财经研究院的 ULC 数据库报告称，在全球价值链的参与度上，中国已超越美国、德国、日本等传统制造业大国，成为全球第一的制造业大国。同时中国也成为全球价值链上的核心环节，几乎所有行业都在一定程度上依存于中国。

麦肯锡研究院择取了 20 个基础产业和制造业，分析了全球各国对中国消费、生产和进出口的依存度。其研究发现，伴随着中国制造深度融入全球价值链，尤其是在电子、机械和设备制造领域，中国在全球价值链中既扮演"世界工厂"角色的供应方，近年作为"世界市场"的需求方角色也更加凸显。

并非所有高贸易强度的行业都依赖中国，一些强烈依赖本地需求且本地成分要求高的行业并不太依赖中国。例如，制药行业，中国的贸易额在全球药品出口中占比只有 4%、在全球进口中的占比仅为 3%。高科技领域、资本领域以及服务出口等领域的状况也是类似的。所以，中国虽然高度参与全球价值链，但总体还是处于全球价值链的中低端。

自 2004 年以来，中国制造业增加值在全球的比重扩大了近 2 倍，德国和美国对中国投入品的依赖度大幅上升，与此同时，中国对美国和德国投入品的依赖度基本保持平稳，对日本投入品依赖度下降。

这说明中国在全球价值链中扮演的角色越来越重要。中国在全球价值链竞争中虽然多为中低端产业，但产业链的完整和供应链的持续稳定加强了中国的地位，想把中国挤出全球价值链的难度远比想象中更高，全球价值链重塑的成本和代价也将颇为高昂。这意味着在不确定的国际环境下，中国虽面临着美国及其跟随者的贸易孤立，但短时期内还是全球价值链的中流砥柱，还是各贸易伙伴实现其价值链不可或缺的一部分。因此，中国要转变角色，突破美国的贸易霸权，建立"以我为主"的区域价值链体系，开创更高水平国际合作新平台，提高自身话语权，重构区域贸易规则。

2. 不同国际环境下的产业竞争策略

由于当前和未来的国际市场充满了不确定性，海洋产业需要根据自身所处的市场竞争地位和贸易环境制定未来的发展战略。根据贸易自由度的高低和产业所处的价值链层级，可将不同产业面临的市场环境分为四个象限。

（1）贸易自由下的高端产业。第一象限是价值链高端产业处于自由的贸易市场。在这种开放的市场环境中，高端产业可以采用多种形式在全球市场参与竞争，如直接的商品输出、技术输出或资本投资等。

（2）贸易保护下的高端产业。第二象限是价值链高端产业面临贸易保护的国际环境。在这种环境下，需要深度开发国内市场，设计出符合国内市场需求的产品和服务。作为价值链高端产业，需要持续技术研发、产品和服务设计，提高产品附加值和竞争力。同时，积极开辟新市场，包括地域市场和产品市场，或直接进行海外投资，在当地开设公司，绕开贸易保护，进行服务和文化的输出。

（3）贸易保护下的低端产业。第三象限是价值链上的低端产业面对贸易保护的市场。这种情况下，企业需要尽快进行产业升级。一方面依托国内市场，降本增效，完善配套服务，发展多种销售渠道。另一方面积极开辟新市场，为产品和服务找到新出口，维持企业的正常运转。在贸易保护主义环境下，政府通常会加大基础投入，拉动内需，给予企业更多的优惠政策。企业需积极引进技术，加速进行自主创新和产业升级，摆脱不利的市场地位。

（4）贸易自由下的低端产业。第四象限是价值链上的低端产业处于贸易自由的环境。这是低端产业最佳的成长机会，产品的出口和进入的引进环境都比较宽松。这种环境下政府通常会重视贸易环境和贸易基础设施的建设，颁布鼓励出口的政策。低端产业可以借助这样的环境学习和享用先进的技术成果，完成原始积累（图4-1）。

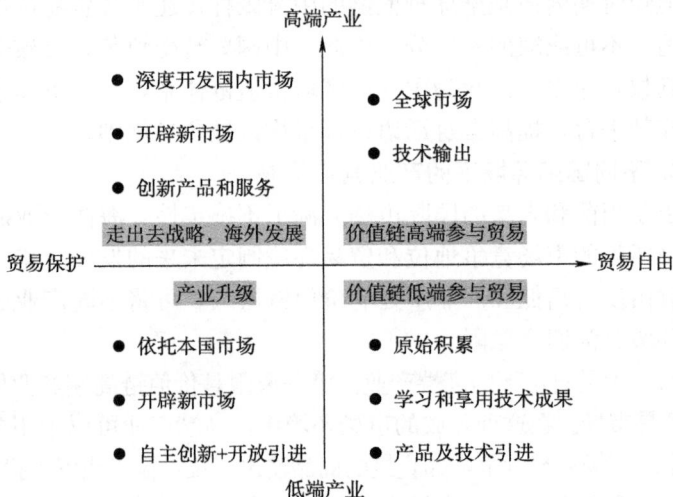

图4-1　贸易环境与产业发展模型

4.3 应对不确定环境的产业发展战略

4.3.1 双循环推动高质量发展

对海洋产业而言，在复杂多变的外部环境下，更重要的是加快双循环新发展格局的构建，在发展的过程当中，要有效发挥国内市场、国际市场以资源方面的有利条件，围绕国内循环这一主体，借助内循环拉动外循环，国内国际双循环相互影响，推进我国高质量发展。

中国具有庞大且充满潜力的内需市场、丰富的人力资源、完善的基础设施以及齐全的产业配套等优势，这是国内企业发展的巨大资本。不论国际环境开放或保守，国内企业可以最大程度的依赖本国市场。这就需要企业根据国内市场的需求，研发出适合国民收入水平的产品和服务。在贸易保护主义盛行时期，需要紧紧把握拓宽内需这一战略要点，构建新发展格局，国内大循环占据主体，国内国际双循环相互促进。改革开放之后，我国凭借低廉的劳动力优势积极参与国家分工，参与国际经济大循环，市场以及资源"两头在外、大进大出"，产业持续升级，在全球价值链中的地位不断提升，逐渐演变为"世界工厂"。

外部环境不断变化，世界经济长期低迷，全球市场不断萎缩，保护主义不断强化。在这一背景下，变被动为主动，打造了新的发展格局，是在世界发展的过程中推动我国发展的重要举措，也是和内外部环境相互适应的有效战略部署。充分发挥国内大循环的主体地位，利用我国规模庞大的市场潜力、有利条件以及规模庞大的、完善的工业体系，强有力的生产能力和健全的配套能力，回旋空间大的特征，注重国内发展，落实扩大内需的举措，促使国内大循环更加顺畅，推进构建国内国际双循环，把国内以及国际市场密切关联在一起，有效利用市场资源，打造优势参与国际合作和国际竞争，为经济发展贡献自己的力量。

推进建设新的发展格局，有效运用庞大的市场规模以及生产体系领域的优势积极参与国际合作和国际竞争。所以需要充分利用市场方面的规模优势，推进收入分配制度变革，开发国内市场的需求，建立完备的内需体系。充分利用生产要素的有利条件，加深要素市场化配置变革，畅通生产、消费、分配以及流通等各个环节，促使国内大循环的效率不断提升。除此之外，还需要充分利用庞大的创新资源优势，加深科技体制变革，强化重要核心技术攻关，提高产业链的现代化水平以及产业基础能力，打造未来发展的有利条件，获取更多的增长极以及增长点。充分利用对外贸易大国的有利条件，推动高水平开放型经济的发展，确保国内外市场和规则的有效衔接，打造科学的供应链生态。总的来说，在需求结构调整以及供给能力提升方面，新的发展格局发挥着关键作用，并且还能够促使供需在高水平、高层次方面的动态平衡，提升高质量发展的生机和动力。

4.3.2 "一带一路"实现产业升级

现如今经济趋于全球化，世界各个国家之间的贸易活动更加密切，海洋可以借助贸易以及投资等形式推动要素流动，也展示了其开放性以及全球化的特点。"一带一路"倡议能够促进海洋经济增长，"一带一路"倡议还能科学地分配海洋资源，提升生产效率。把我国和亚、欧、非国家蓝色经济道密切关联在一起，构建海上"朋友圈"有助于拓宽我国海洋经济的发展潜力，强化和"一带一路"沿线国家海洋经济的协作，推动要素流通、扩散以及聚集。共建"一带一路"有助于升级海洋产业结构。共建"一带一路"能够强化和欧盟、日本以及澳大利亚、韩国等发达国家在新兴产业领域的技术合作，例如，船舶制造以及高端装备制造领域、海水淡化领域、海洋生物医药领域、海洋新能源领域等，推进海洋第三产业的发展。

全球化生产网络的构成紧紧围绕地区"中心"，借助主导"一带一路"区域价值链体系将其融入全球价值链体系中，高技术产品的引进逐步面向欧洲及日、韩等国家和地区，削减外部风险，同时还能把自己的优势产业以及产能等转移到"一带一路"沿线国家，确保资源配置合理，在区域价值链中充分利用自身"内外联通"的连接功效，优化我国的价值链。

在"一带一路"区域价值链中，我国必须注意自身高端以及低端产业链的衔接，做好产能协作。这一价值链囊括的国家众多，缓解了传统发达国家对我国的"不稳定"因素，具有更多的包容性和稳定性。和"一带一路"沿线国家本土的大型企业合资经营，有助于削减风险，调整当地产业竞争格局（吕越、尉亚宁，2019）。通过构建核心为"一带一路"区域价值链体系，逐渐从价值链分工的"参与者"转变为"引领者"。共建"一带一路"，开辟了新的市场和新的航线，"一带一路"沿线国家的稳定合作是突破贸易保护、避免贸易封锁的有效途径，也是我国产业结构升级的机遇。

2018年11月《中共中央　国务院关于建立更加有效的区域协调发展新机制的意见》下发，明确指出"建立区域战略统筹机制"，这也是推进陆海统筹发展的关键内容。除此之外，中央相继提出了"一带一路"提倡的区域发展战略，也就是粤港澳大湾区、京津冀、长三角、海南自由贸易港，为海洋经济的发展指明方向。国家重大区域战略的落实必须围绕海洋这一载体，区域战略建设过程中，海洋经济是关键构成部分。

中国的基本格局已经形成，大进大出，两头在海，同时形成了对海洋依赖较大的外向型经济形态，经济社会不断发展，对外开放程度不断深化，经济形态以及格局也持续加深。现如今各个国家经济资源流动的关键渠道就是海洋。蓝色经济的发展需要强化海上合作，对各个国家平稳资源流动，推进经济结构优化有积极意义，创建一体化的发展模式，确保互利互补。除此之外，在"一带一路"建设中，海上合作是关键构成部分，也是新时期海上丝绸之路建设的精髓。现如今我国在打造常态化合作平台，海洋可持续发展，重大国际议程协商，海洋经济科技国际合作以及互信互利理念宣传等层面获取了巨大成效，对我国提高对外开放水平有强大的推动功效。

4.4 不确定国际环境下的山东省海洋产业

自 1979 年中美建交以来，中美两国的外交关系在冷热交替中曲折发展，中美两国的贸易往来也伴随着政治关系的温度变化在摩擦和合作中不断变化。作为世界最大的两个经济体，中美两国的关系走向对世界经济影响深远；中美之间的贸易摩擦，对全球贸易总量、贸易结构和贸易布局影响重大。山东省坐拥山东半岛蓝色经济带，致力于打造海洋强省，加深陆海联动、港城融合，发展现代航运服务，例如，航运金融、船舶交易等，促使港口不断升级，成为一流港口，为山东省经济发展创造条件。中美贸易摩擦，使得山东省的海洋产业的产品贸易在短期内有所下降，贸易结构面临调整，部分企业需要通过企业的自主创新，进行产业结构调整，适应新的贸易环境。与此同时，山东省的对外投资的方向和结构，也需要尽快调整，以适应新的全球市场布局。

4.4.1 贸易情况

作为海洋经济大省，山东省一直把港口贸易发展作为经济发展的重要建设方向。中美贸易摩擦势必影响山东省的贸易水平，短期内山东省的货物贸易规模会有所压缩，同时部分产业受到冲击较大。海洋产业想要在中美贸易摩擦中逆势发展，区域内企业要树立抱团取暖的意识。要相互合作，信息共享，调整结构，积极应对国际贸易形势的变化。

1. 贸易体量萎缩，冲击港口建设

近年，随着我国整体贸易水平的提升，山东省海洋产业的贸易总额的整体趋势是稳步上升的。"海洋强省"战略的实施，推动了传统海洋产业的变革，因而催生新的海洋经济业态不断涌现，与海洋产业相关的新兴产业逐步成长。海洋生物技术的发展，带动了包括海洋食品、海洋药物等行业的繁荣；国家海洋战略的实施、新能源理念的普及，使得海洋能源勘探、海洋能源开发、海洋环保等行业成为热点行业；海工装备技术的提升，使得产品开发和养殖产业带动地方经济。一系列蓝色经济的活跃使得海洋贸易规模不断扩大，山东半岛作为重要的蓝色经济区，对外贸易获得了蓬勃发展。

伴随中美贸易进入"寒冰期"，美国对我国的部分产品征收的关税不断增加，中国对美贸易出口量必然减少，尤其是需要远航航运的货物。青岛、烟台等沿海城市，将面对美货物出口量会不断缩减的风险。随着港口贸易量的缩减，青岛港、烟台港的港口优势地位将受到挑战。货物贸易量的缩减影响国内制造业的产品生产，部分抗风险能力较小的出口企业将会受到冲击甚至面临倒闭，进而引发部分工人失业。因此，青岛、威海和烟台等外贸城市，要积极调整策略，优化产业结构，加强政府层面的支持，化解外贸风险。

2. 贸易结构调整，贸易布局变化

作为我国的制造业大省和贸易大省，货物贸易是山东省的主要贸易方式。但是山东省服务贸易起步较晚，而且内部结构不合理，竞争力较弱，逆差现象长期存在。从进出口贸易结构上来讲，山东省作为沿海外贸大省，2019 年的服务贸易进出口额总计 2 379.5 亿元，和 2018 年比较涨幅 8.9%。其中，出口额和进口额分别为 1 182.6 亿元、1 196.9 亿元，同比涨幅分别为 14.2%、4.1%。所以，山东省的贸易整体来说为逆差，但是整体贸易规模可观。伴随着中美贸易摩擦的出现，尤其是美国对我国产品征收高额进口关税，我国的产品出口至美国的贸易压力会进一步增加。美国作为山东省货物贸易的重要市场，它的进口额度的缩窄，势必会进一步加剧山东省对美货物贸易的逆差。

从服务贸易内部来看，近年山东省服务贸易有持续逆差表现。分析各个产品的贡献率，建筑服务主要体现在贸易顺差，主要是因为山东省的建筑队伍规模不断增大，建筑企业的资质以及实力等持续提高；传统运输行业以及旅游行业最近几年出现了贸易逆差，特别是旅游业，这也表征着山东省的旅游服务品质还需要不断提高，推进产业升级；其他产业，例如，保险、金融、专有权利使用费、特许费以及体育文化娱乐服务等也是逆差，但是计算机、电信以及信息服务和其他商业服务为贸易顺差，最近几年出口递增迅速。对比 2014 年，2018 年的服务贸易出口提高了 160%，同期货物贸易增速为 74%，与之对比，增速更高。作为海洋产业大省，山东省拥有青岛、威海和烟台等沿海旅游城市，旅游经济作为蓝色产业的一部分，接待游客量以及旅游周边经济增量可能会受到冲击，旅游服务业的贸易出口结构的不合理将进一步加剧。

中美贸易摩擦对中美两国经济发展的冲击是显而易见的，对山东省蓝色产业的发展的影响更是不可忽视的。一方面，国际贸易环境的恶化使得蓝色产业的整体贸易量降低；另一方面，旅游服务等与蓝色产业发展有关的行业面临的出口环境将更加恶劣，将进一步加剧山东省贸易出口结构的不合理。

4.4.2 市场

1. 对美贸易规模缩小，贸易环境恶化

相关学者表示，产业转型造成了中美贸易的长期失衡，也是美国与中国发生贸易摩擦的主要原因。中美发生贸易摩擦以来，我国进出口增速跌幅明显，贸易流向从美国转移到了"一带一路"沿线国家。从出口角度来说，2017—2018 年，中国的进出口占比变动幅度不大。但是 2018 年 11 月至 2019 年 4 月，中国对美国的出口所占的比例迅速下滑，从 20.35% 下跌到 16.24%，2019 年后欧盟赶超美国，成为中国最大的出口伙伴；而中国对"一带一路"沿线国家的出口占比呈上升趋势，2019 年 4 月中国对其出口占比已高达 30.59%。从进口角度来说，2017—2018 年期间进口相对平稳，但是 2018 年 3 月之后，也就是中美贸易摩擦发生以后，态势急剧变化，我国对"一带一路"沿线国家的进口所占的比重不断提升，自 25.11% 提升至 27.68%；对美国的进口比重不断下滑，自 8.58% 下滑到 5.79%；对欧盟、东盟、日本和韩国的进口比重没有显著变化。从中能够发现，在中美贸易摩擦发生后，我国对美国的贸易活动主要转移到"一带一路"沿线国家。

2. 进一步扩大与"一带一路"沿线国家的贸易合作

为了进一步提升我国国际贸易水平，同时降低美国对华贸易逆差对贸易出口市场带来的影响，我国进一步加强"一带一路"建设，通过加强基础设施建设、提供税收优惠等方式，为"一带一路"沿线国家的贸易来往搭建交通基础，降低交易费用和生产成本，刺激与沿线国家的贸易来往。通过一系列措施的推行与实施，我国与"一带一路"沿线国家的贸易交流有了显著改善。出口方面，东南亚和中东欧的对华贸易额增长速度最快，分别同比增长了 12.23% 和 17.68%（以 2017 年 4 月至 2018 年 3 月、2018 年 4 月至 2019 年 3 月为研究周期，下文同）；蒙俄增长了 7.49%，南亚增长了 5.20%；中亚和西亚北非略微下滑。从进口角度来说，整体维持较高的增速，中亚的增速 29.24%，蒙俄的增速为 33.50%，西亚北非的增速为 33.67%；东南亚的增速最小，只有 7.40%。东南亚 11 国的进出口都排在第一位，西亚和北非 18 国排在第二。通过数据我们可以看出，对于中国整体对外贸易而言，"一带一路"倡议对中国贸易出口的带动表现明显。

3. 展开了多形式的区域贸易合作，拓展贸易市场

为应对国际贸易形势的变化，进一步扩大对外开放水平，我国将自由贸易区数量扩大到 18 个。山东省作为重要的贸易大省，2019 年 8 月 30 日，成功建设了中国（山东）自由贸易试验区，表征着山东省自贸试验区构建完成，这是山东省探索开发贸易市场的重要举措。山东自贸试验区总计有济南、烟台、青岛三个片区，覆盖面积高达 119.98 千米²。山东自贸试验区在新旧产业动能转换、海洋经济发展、打造对外开放高地方面总结了一系列详细建议，发展贸易新业态新模式以及海洋特色产业，对中日韩地方经济合作展开探究。山东自贸试验区落实了很多对贸易开放有积极意义的手段，所以当地海洋经济的发展势必迎来新的起点。

4.4.3 科技

中美贸易摩擦是一把双刃剑，一方面它会使得国际贸易环境恶化，稳定的国际贸易状态暂时失衡，会冲击贸易企业的营业额和营业利润；另一方面，贸易摩擦会倒逼贸易企业提高出口产品质量，提升独立研发能力，降低对个别国家的贸易依存度，使得地区的贸易结构更合理和安全。山东省在中美贸易摩擦发生后构建了许多海洋科技创新平台，与此同时青岛海洋科学与技术国家实验室也审批通过，正式运营，践行蓝色产业领军人才支持计划，海洋科技研发力量持续强化，青岛、烟台、威海是我国首批海洋高技术产业试点城市，科学技术为海洋经济做出的贡献不断提升。

1. 倒逼企业提升产品质量，推动产业升级

美国对中国的部分产品征收高额关税，必然会导致出口企业的生存环境恶化，产品出口难度增加。在这样的贸易形势下，我国出口贸易企业的关联行业厂家之间的竞争会加剧。山东半岛的蓝色经济建设区域建设依托港口建设，区域内出口产品的生产同质化问题较为严重，主要集中在电子、海产品、化工产品等农业和初级制造业产品。中美贸易摩擦的存在使得我国关联行业竞争愈发严峻，进而提升规模企业所占的比重，促使行业内的资源有效整合，提升生产效率。与此同时，中美贸易摩擦会造成劳动密集型产业逐渐减少，愈发注重生产技术的进步，推进产品结构升级，转变国内出口低附加值商品的情形，推进产业结构优化。为有效应对中美贸易摩擦，山东省政府出台一系列政策调查地区贸易救济，健全预警体系，积极扩大对日韩以及欧盟等地的进出口，稳定高端市场，推进产品转型升级；与此同时，把握机会，签署区域全面经济伙伴关系协定（RCEP），深化"一带一路"经济贸易合作，不断拓宽发展空间巨大的市场，总计 20 个，提升发展中国家、自贸伙伴以及新兴市场贸易所占的比重，全方位推进山东省海洋产业整体贸易竞争力提升。

2. 提升企业自主创新能力，推动民族品牌建设

中美贸易摩擦是市场的争夺，更是技术创新领域的封锁。层出不穷的技术创新激化了世界产业布局的变革。世界产业分工模式的固化，也进一步推动各国寻求技术创新，努力走向产业链的上游，为本国在贸易竞争中寻求更大的利润空间。世界各国都在探索科技创新的路径，比如日本发布产业创新白皮书，德国号召构建"工业4.0模式"，美国退出"再工业化"等。全球各个国家都十分注重提升科技自主能力。企业作为提升产品创新能力的重要主体，能够根据市场的反馈，快速创新生产模式和生产技术。提高科技自主能力，创建世界知名中国品牌，打造"中国制造"的世界样板，也是今后我国和美国谈判的关键筹码，也是产业结构优化的必然。借助税收优惠、政策支持、创新补贴等方式，鼓励海洋产业进行自主创新，打造具备国际影响力的山东品牌。进一步实施"透明海洋""蓝色药库"等重大工程，引进海洋工程技术协同创新实验室，助力山东省海洋产业的创新之路。

4.4.4 资本

1. 美国对华投资减少，经济影响深远

美国和中国作为世界两大经济体，两国的贸易关系影响世界经济的稳定和平衡。中美发生贸易摩擦，美国对中国产品征收巨额关税，会使得中美贸易量下降，从而对中国的以外贸出口为主的中小企业产生负面影响。参照商务部的调查资料，截至2017年，美国在华构建外商投资企业总计6.8万个，投资金额在830亿美元以上，我国许多外资都源于美国。为提升美国的就业率，防止美国制造业"空心化"现象出现，美国当政者推行"美国优先"及逆全球化战略，明确指出美国跨国公司，例如，苹果公司等把在海外的制造部门迁移回美国。此外，美国对中国的投资以及其他国家对中国的投资呈现下跌的态势。美对华企业投资额的下降，将使得一批中小企业失去市场，如不采取措施，中小企业将经营失败进而导致失业人数激增。

2. 对外投资方向调整，加强对"一带一路"沿线国家投资

我国在参与全球资源配置，优化国内经济结构的过程中离不开对外投资这一手段。美国对华采取的贸易政策，严重影响着我国的对外投资，也对我国对外直接投资的格局造成了消极影响。在国际

贸易形式的改变以及我国金融政策调整的影响下，2017 年我国对外直接投资流量为 1 582.9 亿美元，同比下降 19.3%。美国对华落实遏制举措，是 2017 年我国对外投资改变的一大缘由，在各个地区中，我国对北美的直接投资跌幅最为显著。

"一带一路"倡议是我国布局全球贸易、提升全球影响力的重要举措。2017 年，我国境内投资者对"一带一路"沿线国家的直接对外投资额达到 200 亿美元，同比增长 31.5%，占同期我国对外直接投资流量的 12.7%，投资覆盖了 17 个行业大类，影响了 3 000 多家境外企业。相关科研论文表明，中国的直接投资主要面向的国家有巴基斯坦、哈萨克斯坦、新加坡、马来西亚、俄罗斯、印度尼西亚、老挝、越南、泰国、柬埔寨、阿联酋等。山东半岛经济圈的对外投资情况与我国整体对外投资方向是基本对应的。就山东半岛来讲，由于和日韩在地缘上较接近，山东省企业接受日本和韩国的投资较多，外资企业多以中韩、中日合资企业为主。就直接对外投资来讲，山东半岛的企业，尤其是大中型国有企业，将进一步大力践行国家的"一带一路"倡议，向"一带一路"沿线的中亚国家以及东南亚国家加大资金投入，加强这些地区的基础设施建设，为山东省海洋产业的对外贸易创造条件。

4.5 山东省海洋产业的价值链升级策略

面临世界百年未有之大变局，山东省海洋产业需要构建新发展格局，把握后疫情时代全球价值链重构的战略机遇期，充分利用国内国际两个市场，不断向全球价值链高端跃升。

4.5.1 合作协同，推动两个市场的壮大

新形势下，要做好国际环境受困的准备，发掘广阔的国内市场是构建新发展格局的基石，也是实现全球价值链迈向更高水平的主要优势依托。首先要整合省内海洋资源和市场，发挥协同优势，破除市场分割、资源垄断等体制机制障碍，促进资源要素顺畅流动，

加快推动区域协调发展。其次，要与兄弟省份充分合作，突出优势、错位发展，加快产业结构升级，提高海洋产业竞争力。最后，做好海路统筹、多式联运，积极开拓国际市场。在"一带一路"倡议、RCEP 等贸易中，发挥海港承接作用，完善空、海、路的衔接，提高运输效率和服务质量，主动和其他国家以及国际组织在海洋领域打造蓝色伙伴关系，开放包容、互利共赢、具体务实，拓宽合作的范围。强化海外港口的合作，促进港口的互通互联，构建顺畅的充满效率的物流通道、运输通道以及商贸通道，确保生产要素，也就是人才、技术、资源以及资金的有效流通。强化蓝色伙伴关系城市网络构建，打造海洋产业联盟，相互合作建立海外蓝色经济产业园区。

4.5.2　技术创新，确保产业链安全稳定

产业链升级的根本在技术。山东省海洋产业仍有一些关键核心技术依赖海外，技术装备受制于人，这严重制约产业链供应链的自主可控和优化升级。因此应不遗余力地进行技术攻关，突破"卡脖子"技术。在技术的突破上，全面发力，在积极进行技术引进的同时加强自主创新的能力，建立有效的机制促进科技的创新和技术的转化。强化企业创新主体地位，及早构建企业占据整体，市场发挥导向，产学研深层次交融的技术创新体系。探索实施"链长制""链主制"，加快实现全产业链协同创新、核心技术自主可控。同时，积极与各国和国际组织在海洋领域构建国际海洋科技合作平台，强化海洋科技创新协作。强化资源共享，促使合作的范畴不断拓宽，对我国对外开放水平的提升奠定基础。

4.5.3　借区域合作机遇，建立产业链优势

深层次落实"一带一路"倡议、RCEP，强化平台建设，例如，自贸试验区、上合示范区、中日韩地方经贸合作示范区等，促进沿海地区战略合作，加快海洋经济全球布局，拓展海洋经济开放领域，提升海洋经贸合作水平。基于山东省良好的区位和产业基础

优势，抓住国家战略机遇，提前规划、精准布局，努力开拓新兴市场。基于完备的海洋产业基础，挖掘市场需求、调整产业结构、提高服务质量，建立新区域价值链优势，为实现我国引领国际经贸规则制定奠定基础。

4.5.4 发展智慧海洋，提高海洋产业质量

数字经济发展已经成为后疫情时代拉动经济复苏、加快全球价值链转型升级的新引擎。借助我国在 5G、电子商务等领域的领先优势，加快推进海洋数字产业发展和传统产业数字化转型。改善海洋传统产业，推进海洋新兴产业的发展，推进现代海洋服务业的发展，精准建链补链强链，着力提升产业数字化和数字产业化水平，培育壮大海洋高端产业集群和特色产业基地，构建现代海洋产业体系。用数字技术武装海洋产业，如海洋渔业、船舶与装备制造业、海洋化工业、海洋交通运输业等，提高海洋产业的质量和效率、精度和深度，促进海洋产业的升级。培育新兴海洋数字产业，如海洋生物制药、海洋文旅业等，加快海洋产业结构转型，提高海洋综合竞争力。

4.5.5 绿色转型升级，实现"双碳"目标

科学开发利用海洋资源，积极探索市场化、可持续的生态产品价值实现路径，维护海洋自然再生产能力，促进海洋经济可持续发展。强化基础研究和应用研究衔接融合，挖掘海洋新能源、新材料，有关海洋能源的挖掘利用需要做好统筹合理的规划。海洋能发电应用项目主要包括波浪能、海上风电、潮流能、滩涂光伏发电。在油气资源开发、海水淡化和综合利用、海洋环境监测、海洋生物开发以及深海运载作业、海洋能综合利用等层面，需要扩大宣传运用海洋新能源，加强配套装备研发。加强清洁技术和能源研发创新，通过优化能源结构，助力"双碳"目标的实现。

第5章
DIWUZHANG

创新理论与海洋产业创新

▶▶▶

5.1 产业创新理论

当前社会经济发展势头十分强劲，产业创新理念逐渐得到了学术领域以及理论领域的关注，尤其是 20 世纪 40 年代之后，在经济发展以及创新理论的影响之下，产业创新的调研逐渐深化。产业创新指的是某一技术创新或构建了新产业或彻底变革某一产业组织。在很多形势下，产业创新并不是单一企业的创新结果以及创新活动，是企业群体的创新集合。

弗里曼（1997）第一个系统性表述了产业创新理论，他提到产业创新主要指的是技术创新、技能创新、流程创新、产品创新、市场创新以及管理创新，基于产业创新理论明确了国家创新理论的内涵，国家创新的精髓在于产业创新。

马克·道格森（Mark Dodgson）是澳大利亚国立大学教授，罗艾·劳斯韦尔（Roy Rothwell）是英国苏塞克斯大学教授，二人相互合作编制《产业创新手册》（*The Handbook of Industrialinnovation*，1994），是当前国际上影响力相对较大的和产业创新相关的作品。聚集了各个学科领域学者在产业创新层面获取的理论以及实证调研成绩，其内容主要有五个部分，一是产业创新的根源；二是本质和产出；三是创新部门、行业特征探究；四对创新造成影响的关键因素；五是创新的战略管控和国际视角下对创新的挑战，为系统性调研产业创新理论奠定了基础。

5.1.1 产业创新的理论基础

1. 熊彼特的技术创新理论

产业创新理论参照了奥地利经济学家熊彼特（Schumpeter，J. A.，1939）表述的"创新"含义和相关理论。熊彼特认为，创新是将新的生产要素以及新的生产条件融合到生产体系中，企业的创新活动会对创新实现造成影响，尤其是拥有创新意识的企业家和在技术以及生产能力方面占据优势的垄断企业，研究的精髓在于技术创新。

2. 诺斯的制度创新理论

20世纪中叶出现了新制度学派，把创新的调研融合到了制度领域，重视制度创新。诺斯（1999）借助熊彼特的创新理论对制度变动的状况组织了探究，第一次指出了制度创新的理念，并在此基础上构建了制度创新理论。他提到，制度创新是对当前制度的调整，主要是为了创新者获取更多的收益，制度创新指的是创新预期净收益高于预期成本，并且在当前制度下很难获取预期收益，所以需要转变当前制度中的限制要素，获取预期收益。

3. 弗里曼的国家创新系统理论

英国经济学家弗里曼系统性地表述了产业创新。20世纪下半叶，民众逐渐意识到了知识创新的意义，指出了信息经济以及知识经济等概念，民众逐渐意识到社会整体的活动性需要持续强化。创新展示的是各类社会活动，弗里曼提到在技术创新过程中，国家发挥着关键的推动功效，创建了"国家创新系统理论"。之后，不断深化国家创新系统理论，建立不同学派，例如，宏观学派、微观学派、综合学派。

宏观学派的典型代表是弗里曼和纳尔逊，他们的基本思想是侧重于国家在技术创新中的推动功效，把技术创新和政府职能密切关联在一起，建立国家创新系统，推进经济发展。弗里曼（1997）对日本、美国以及苏联的产业发展状况展开比较分析，调研指出一个国家把技术创新转变成产业创新能在竞争过程中占据有利位置，站在历史演变的视角上实证探究各个产业的创新，例如，汽车产业、电力行业、钢铁产业、石油产业、合成纤维、化学、电子以及计算机等，获取到以下结论：产业存在差别，产业创新内容差别较大。纳尔逊在《国家创新系统》（Nelson，1993）中指出，现代国家创新系统过于复杂，包含各类制度要素、政府以及高校职能机构以及技术行为要素。因为科学技术发展是不确定的，所以国家创新系统中的制度部署也存在一定的弹性，发展战略也需要提升其灵活性以及适应性。

微观学派的代表是伦德瓦尔维，结合企业行为探讨了国家创新系统的微观领域，主张大学、企业以及科研机构等知识创新活动以及保障创新顺畅开展的制度以及环境等在创新过程中都是重要因素，十分注重知识的价值。

综合学派的经典人物是迈克尔·波特，在考察过程中把微观机制和宏观绩效等密切关联在一起。波特（2002）在书籍《国家竞争优势》中不断健全了价值链理论，并指出创新贯彻于产业价值链的每个环节，国家竞争力的根本是产业竞争力，打造国家创新优势的"钻石体系"十分重要，需要结合国内需求状况、要素条件、企业战略以及支持性产业，创建对创新有利的氛围。

5.1.2 产业创新的内涵

参照以上表述的三个理论，我们能够从不同的视角了解产业创新的内涵。

技术创新可以把科技成果转换成生产力。美国国家科学基金会（NSF）在《1976 年：科学指示器》中指出，"技术创新是将新的或改进的产品、过程或服务引入市场"。1988 年，联合国经济合作发展组织（OECD）在《科技政策概要》中阐述了技术创新的含义，"发明的首次商业化应用"，技术进步涉及技术发明、技术创新以及技术扩散三个时期。弗里曼提到，创新指的是在市场中引进新产品，在现实运用中引进新技术工艺的工业的、商业的以及技术的系列流程。

制度创新指的是制度主体借助构建新制度来获取更多收益的活动，主要涵盖了四个层面的内容，即管理制度创新、产权制度创新、组织制度创新、约束制度创新。站在变革强度视角上，主要包含根本制度的变革、基本制度固定之下体制模式的变革，制度创新是不断演变的，包括制度的替代、制度转化以及制度交易（卢现祥，1996）。

产业创新指的是在体系中融合产业自身和关联产业的关联要素，重新搭配（张治河，2003），产业创新主要包括两个方面，一个是产业组织创新，另一个是产业结构创新（Rothwell，1992），其目的就是确保发展的可持续性（Dosi，1988），是在发展特定产业时各个合作组织的合作创新以及国际竞争严峻形势下各个企业的合作创新（严潮斌，1999）。陆国庆（2002，2003，2004）调研提到，产业创新是企业冲破结构化的产业制约，利用各种创新活动转变产业结构，构建新产业。企业创新主要是为了产业创新，把技术层面、管理层面、市场层面的创新密切关联，充分展示出了企业家的创新精神。站在能力视角上，产业创新指的是新兴产业构成的能力，是和新需求相互满足或可以节省更多资源的各种能力（张耀辉，2002）。

对上述文献资料加以概括，和产业创新相关的调研，可以从不同的角度出发组织调研。获取的产业创新定义也存在很大的差别，但是主要是围绕两个层面加以表述。从狭义角度出发，产业创新是技术创新保证创新主体建立合作关系，完成技术的创造、发明以及产业化的运用，确保产业突破性的发展，不断提高企业的竞争实力。从广义角度出发，产业创新是创新主体，即政府和企业借助技术创新、组织创新、制度创新以及环境创新、组合创新等，借助社会资源以及自身的能力，培养新兴产业，促使原本的产业在相应的区域内居于领先位置，或冲破旧产业，完成创新活动。

5.1.3 产业创新模型

Abernathy 和 Utterback（1975，1978）指出了 A-U 模型，之

后不断优化、拓宽，在创新调研领域被普遍运用。A-U 模型第一次把产品技术和工艺技术变动密切关联在一起，指出了技术生命周期模型，并且清晰地提到了技术变动过程中不同时期技术变动的特征，特别是创新的特征、种类，落实创新需求的重要资源以及需要应对的潜在难题。

Von Hippel（1988）注重创新过程中各个企业之间的协作，因为技术创新是不断试错的过程，为推进创新步伐，需要强化创新者和用户之间的沟通以及协作，及时了解必要的"粘着信息"，指出"企业合作模型"推进产业创新。

在之前调研的基础上，Rothwell（1992）归纳了产业技术创新的演变过程，总结了"需求拉动模型""链状创新模型""技术推动模型""相互作用模型"以及"网络状创新模型"五个演化模型，在系统认知产业创新发展思路方面发挥着引导功效。

从国内研究角度出发，结合国内外产业创新管理的相关成果，张治河（2006）打造了产业创新系统模式，这一模式主要包括许多子系统，例如，产业创新政策系统、产业创新技术系统、产业创新环境系统、产业创新评价系统，对各个子系统的功能、运转机制以及结构等展开探究。孙晓华、田晓芳（2008）等把产业技术创新细分成了四类基本模式：自发型模式、实验型模式、应用型模式和系统型模式，在差异化产业创新模式下分析了市场失灵的原因以及表现，指明了市场失灵出现的重要环境，指出了公共政策编制的路线以及手段。张耀辉（2002）探究了高新产业的市场创新规模以及技术要素，产业创新是高新产业形成的关键动力，结合产业经济理论表述了产业创新的"创新—扩散"模式、"分工创新"模式。胡树华（2000）从战略角度出发调研了产业创新问题，将产品创新的战略划分成六个层面，并且指出了对应的六个维度，表述了和各个维度相适应的六大创新模式。

5.1.4　产业创新系统与竞争力

弗里曼（1997）调研指出，产业创新带有系统性色彩，在产业创新过程中发挥着决定作用。创业创新集体把各个系统密切关联在一起，例如，产品创新系统、技术创新系统以及市场创新系统，也是企业创新的最终目的以及最高层次，是企业冲破以往的结构化产业限制，利用产品创新、技术创新以及组合创新获得市场创新等转变当前的产业结构，研发全新产业的体现。

现如今许多国家在探究国家创新系统理论方面十分注重产业创新系统，获取了许多调研成绩。弗里曼（1997）在产业创新理论基础上首次指出了国家创新系统理论，国家创新的关键在于产业创新；迈克尔·波特构建了创新模型，在创新系统中融合了产业基础，融合深层次的产业创新系统理念。Rothwell（1992）指出的基于并行工程的综合创新模式也能展示出产业创新系统理念。Carlsson（1997）指出了技术系统理论，在构建产业创新系统领域发挥着关键功效，在理论发展的背景下，许多学者把理论和实践密切关联在一起，对各个地域创新系统的发展组织调研。萨克森宁（Saxenian，1994）结合当地现实状况探究了"128高速公路"、硅谷创新系统；Cook（2003）研究了欧洲的区域创新系统，指出了合适的发展举措以及政策方针。

现如今各个国家更加注重自主创新国家战略的功效，国内学者也对创新系统展开探究。陈劲（1999）提到打造产业创新系统理论，涵盖"包容企业环境要素"的创新体系和框架，将产业创新系统、技术创新系统等紧密结合起来，"国家创新系统理应被当成是各个子系统的综合体，各个子系统需要结合各个产业、各个区域以及关键技术等组织划分。不仅如此，国家创新系统的构成包括多个产业创新系统。因为各个产业中都包含用户关系，也就是创新的根源，所以需要在产业中运用国家创新系统的内涵。推动创新源协作、信息互动，提高各个产业的竞争实力"。张凤、何传启（1999）指出，在国家创新系统中，产业创新系统是重要构成要素，参照自身功能对国家创新系统进行细分，涉及四个分系统，和地区创新系统、产业创新系统等共同构成了国家创新体系的二级结构。刘洪涛（1999）参照其结构细分了国家创新系统，主要有生产—学习系统、搜寻系统、探索系统、选择系统四个，对各个子系统的能力来源、创新层次、功能、主体构成、机构层次展开研究。宁钟、司春林（2002）指出了国家创新系统的关键构成要素，站在演变视角上探究了宏观层次、微观层次以及中观层次的集群内涵。

5.1.5 产业创新动力来源

产业创新导致原本的产业结构出现变化，熊彼特是创新理论的奠基者，其认为创新是生物遗传领域的突变，类似于生物学中的突变理论，从体系内部推进经济结构的变动，是带有创造性的破坏活动。结合熊彼特的有关分析，产业创新也就是产业突变，对其动力展开分析，在各个时代，产业结构展示的是当时的需求结构、资源结构以及技术水平。受到要素变动的影响，时代的产业结构随之改变，所以产业突变的动力来自产业演进过程中的动力系统，这些要素相互影响，推进产业创新。

1. 需求是产业创新的思想来源和动力源泉

一个产业可以为社会供给一种或一类商品以及服务，由于这些和民众的消费习惯相互适应，和民众的消费需求相符，所以产业不断发展壮大，不仅如此，民众对产品以及服务的需求持续下滑会造成产业的衰退以及萎缩。产业发展离不开民众的需求，由此可知，产业创新的力量源泉就是需求，各个新产业的出现或旧产业的变革都和需求密切相关。以下是原因分析。

第一，需求导向能够推动企业被动创新。波特调研指出，产品质量、性能以服务的优化都离不开挑剔、复杂的用户。他罗列了许多国家用户引领企业被动创新的情形，比如，日本消费者认为录像机能够代表他们的身份，消费者十分熟悉录像机的相关知识，偏好购买最时尚的录像机样式以及品质优良的商品。在这一形势下，厂商不得不持续创新，所以日本录像机产业在全球的竞争实力十分强大。陈正男和谭大纯是中国台湾地区的学者，他们对比了不同地区产业竞争力：客户的挑剔程度以及注重产品品质的状况都会影响产业的竞争力，中国台湾地区的消费者需求复杂细致、十分挑剔，这也是其发展的优势所在。

现如今，信息技术运用十分普遍，民众信息交流更为方便，生产定制化、销售网络化为企业产业创新指明了方向，未来客户也会转变为产品的设计者以及开发者，其自我参与有助于推进被动创新，提升需求在产业创新方面的推动力量。

第二，潜在需要在主动创新方面发挥着引导功效。主动创新看起来和需求不存在密切关联，有时候可以说创新形成了市场，引发了需求。但是探究其本质，主动创新和需求密切相关，需求在其中发挥着决定性的功效，换句话说，需求是产业主动创新的力量源泉。但是其针对的是消费者潜在需求以及未来需求。产业创新的前提是产业的预见能力以及洞察能力。产业洞察力指的是预先认识到需求变动以及技术发展。哈梅尔和普拉哈拉德（1998）认为，产业发展预见能力是在认识了生活方式变动方向、人口统计数据以及技术、规章制度演变之上的。未来并非过去的延伸，未来也就是现在民众日后的需求，是产业选取努力的目标。以苹果电脑公司为例，该公司于 20 世纪 70 年代计划儿童拥有电脑，当时的电脑是在公司办公楼专门房间中。在产业预见能力的影响之下，苹果公司在1977 年研发了大众化的 PC 机，对比 IBM 的 PC 机，早研发了 4年，在 PC 产业中居于领先位置，也是创新者，其在 PC 产业方面的预见能力和消费者的需求相互适应，所以苹果公司的创新获得成功。产业预见能力的出现是经过对市场需求的长久积累，不断思考，感悟所形成的。企业培育产业预见能力主要是为了了解消费者的未来需求，明确产业创新的走向和趋势。

产业创新的动力以及思路主要源于需求，所以我们需要关注需求的各种可能性。包括技术、可能性以及资源条件等。因为人类需求丰富多彩，企业难以考量消费者各个方面的需求，产业的创新也是在特殊时期内满足顾客的需求或者是和以往相比需求得到了有效地满足。

2. 技术创新是产业创新的发动机

总之，创业创新理念和科技突破密切相关，科技突破不仅只是科学技术领域的发明和发现，还包含适用于生产的新的科研成果。技术革命属于技术创新的高级形式，产业革命是产业创新的高级形式。产业和技术的生命周期相似。荷兰经济学家范·社因编制了《经济长波与创新》，在其中提到，产品的生命周期蕴含在技术发展之中，产业的发展、变动都能彰显出技术层面的创新、宣传以及更新。燃料产业的多次变革都是技术创新所导致的。

根据现实，较低级的技术在步入生命周期的成熟阶段以后，所形成的新技术发展十分迅速，会对之前的技术形成替代，转变为产业的核心技术。在传统技术和新技术不断交替的过程中，产业技术水平的层次会不断提升。历经数次产业创新之后，产业也开始迈向知识化和高级化，技术创新对产业的更迭以及产业的演变有一定的推动功效。

实际上，技术创新对自身来说并不重要，并且部分技术的宣传难度较大，很难产业化。但是，如果技术创新对企业的竞争实力以及产业结构有明显的影响，或者取代了原本的技术，对产业创新就会有巨大影响，会引发产业创新。

3. 企业家创新精神是产业创新的不竭动力

熊彼特在《经济发展理论》《资本主义、社会主义与民主》中指出，企业家重视创新，是企业的"革新者"，也是其根本职能，是自身必须具备的素养。结合其指出的创新模式，并非所有经理都是企业家，企业家是在经济环境中有突出贡献，在提高生产中有推动功效的经理。其格外重视在发展资本主义经济时"企业家"的独特效用，生产要素创新以及经济的发展都需要企业家充分发挥自己的推动功效以及组织功效。企业家创新的高阶层次为产业创新，对历史有深远影响的企业家推进了全新产业的形成。绝大多数新兴产业形成都和拥有创新精神的企业家密切相关。哈梅尔和普拉哈拉德在《竞争大未来》中明确指出，"凡是享受过美国中产阶级生活方式的物质成就者，都不得不承认他或她领受到这些产业先驱极大的恩惠"。密歇根州迪尔伯恩的格林菲尔德村的亨利·福特博物馆记录了美国在产业创新中发挥驱动功效的人物，如莱特兄弟、伊斯曼、查尔斯通、爱迪生、贝尔、沃森、迪尔、福特等。

分析企业家的成长模式，他们的成长历经四个阶段，分别是业主型企业家阶段、发明家型企业家阶段、经理型企业家阶段、专家型企业家阶段，尽管企业家类型不同，但是他们有一定的共性，就是产业创新能力。产业革命从根本上来说是企业家革命，产业革命的精髓是企业家。企业家的目标就是获取收益，产业创新的回报就是收益。产业创新的力量源泉来自企业家的创新精神。熊彼特所提到的创新的五种状况也是企业家产业创新的内涵表述。

4. 产业内企业的竞争压力也会变成产业创新的动力

每个企业中都包含各种各样的环节，例如，设计、生产、营销、交货等。在产业价值链的各个环节中，各个企业都存在竞争。相同产业的价值链大致相同。在严峻的市场竞争中，各个企业要长久生存下去必须具备其他企业没有的优势。企业在竞争过程中的优势主要来自其基本价值链中某一环节或多个环节的创新。各个企业都认可市场经济的精髓是竞争，也是经济发展的关键力量源泉。换句话说，缺少竞争，现如今的经济成就也不复存在，尽管竞争存在一定的问题，但并没有像马歇尔的言论，"'竞争'这个名词已经充满了罪恶的意味，而且还包含某种利己心和对别人的福利漠不关心的意思"。垄断会严重影响市场经济的发展，所以西方国家严禁垄断，美国颁布了反垄断法，第一命题如下：产业过度集中会形成明示或默示共谋。对现代经济发展的历程加以分析获取的结论和马歇尔的结论是相悖的，也就是说产业生活的基本特点就是竞争，产业创新也离不开竞争这一推动力量。产业内企业竞争在推动产业创新方面主要从以下几点出发。

第一，企业通过创新投入研发新商品，对当前的商品性能加以调整。如果企业竞争不足，那么在创新投入方面的活力相对较低，就像是我国。某些自然垄断性的产业，例如，自来水、电力以及邮电和电信等其 R&D 投入比率在各个工业部门中数值最低，竞争稀缺会导致创新投入稀少。产业内企业的创新投入有助于推动产业技术发展，同时还能推进新技术在产业内部的运用，有助于新产品的研发，从不同角度出发推进产业创新。

第二，企业竞争压力推动了产业细分以及产业重构。受到竞争的影响，企业为了长久的生存下去，会不断提高产品的差异化程度，研发新的替代品，除此之外，还会冲破原本产业的分界，延伸相关产业，特别是产业出现衰退迹象的时候，竞争有助于产业细化、有助于形成新兴产业或替代产业。

除此之外，政府编制的政策制度以及要素供给变动等都会影响产业创新。政府支持新兴产业，尤其是高新基础产业有助于推进产业创新的进程。产业供给要素主要是人力资源、原材料以及能源等，其稀缺程度以及价格变动等也会作用于创业创新。20 世纪 70 年代全球出现了两次石油危机，10 年的时间原油价格提高了 14 倍，石油危机对创新能源产业以及新能源的开发有积极意义，全球经济更加注重节能，在石油危机影响之下，日本的主导产业随之改变，从以往能耗较高的重化学工业、原材料工业以及机械工业等转变为能耗相对较低的装备加工型产业，日本产业转型的力量源泉来自能源危机的影响。所以，产业供给要素的变动和突发事件等也会影响产业创新。步入 21 世纪，全球原油价格不断提高，严重影响着高能耗产业，这也是产业创新的关键力量源泉，不仅如此，全球水资源稀缺程度不断提升，水资源价值提升是社会发展的必然，产业创新的潜力持续递增。产业创新的各种影响力关联紧密，相互影响，有助于构成良性互动，推进产业创新。

5.1.6　产业创新层次

站在内在逻辑性视角调研，产业创新包括四个层次。

1. 技术创新

分析发展的历史，新产业的出现是技术创新所导致的，例如，蒸汽机的出现以及电器的发明、计算机的出现等，对新兴产业发展具有带动作用。产业创新从逻辑上来说是技术创新。现如今技术创新并非推动个别技术领域不断发展，并且衍生了许多影响较大的高新技术。高新技术相互影响，引发新兴技术群的出现，专业技术持续发展、扩散、渗透，调整了原本的技术系统，推动了新兴产业的出现。

2. 产品创新

企业的成功离不开产品创新。产业创新也离不开产品创新，只有研发新的产品和技术，才能确保在市场竞争中企业占据优势，不断提升经济效益。所以，我们需要集中力量展开技术创新以及产品创新，研发具备强大发展潜力的新产品。促使更多的企业进军创新领域，完成产业创新。产品创新有助于吸引大批企业，促使企业将产品创新转变成产业创新。在这一过程中出现了新兴产业，单个产业的创新也随之结束。

3. 市场创新

产业创新要获得成功，必须格外关注企业的市场开拓能力。市场创新主要是为了调动市场的需求，运用具备创造性的手段，促使民众更好地认识并接受新品种。市场创新是持续的过程，也是技术创新和产品创新有效互动的反映。市场创新在产业创新中属于重要的构成部分。市场创新的内容主要是打造产业竞争规则，构建产业质量标准以及分销渠道，明确产品的市场形象，企业遵守相应的规则不断发展壮大。除此之外，还需要拓宽新的客户资源，产业的发展和成长离不开庞大的市场容量。

4. 产业融合

产业融合指的是产业创新向产业间转变的过程。两个因素决定产业融合，其一是部分产业创新会推动另一产业的创新，带有连锁反应，其二是产业创新是另一产业创新的供给要素，我们能够从需求—供给的螺旋式发展效应中感悟出来。技术和产业的关联度也会对产业融合造成影响，如果某一产业核心技术和其他产业关联紧密，这一产业和其他产业融合的概率也会随之上涨。创业创新有巨大的发展空间，相反，产业衰退或被取代的概率也会不断提升。

5.1.7 产业创新影响因素

产业创新是复杂的，必须结合市场需求，产业创新的成功与否还会被许多客观要素所影响。

1. 技术要素

新产业的出现离不开技术层面的突破，技术要素在产业创新中有很大影响，技术创新有助于更好地分配资源，在完成技术创新以后，能够冲破技术层面的限制，技术创新获取的成果也能获得市场的验证。资源在市场的影响之下，结合技术创新的成效展开分配，为产业分化奠定了基础。除此之外，技术的发展创新有助于提升效率，满足民众的需求，不仅如此，还有助于提高产品的功能，降低其价格，衍生出更多的需求，确保了产业的市场需求不断发展为产业创新供给巨大的发展空间，如果技术创新没有突破，产业创新缺少相应的技术支持，新产业也很难出现。

2. 资本要素

资本在产业发展进程中有重要影响，是产业创新的基础，新产业的形成体现的是资本要素转移的过程，比如高新技术产业，其生产作业对现代化生产设备和生产方式的依赖度较高。和传统产业相比，资本的投入更高，和高新技术产业的高风险相符，资本要素供给不仅包含传统的产业资本，同时还涵盖了风险资本的供给。创建合适的风险资本投资机制。和高新技术产业相适应，和传统产业资本相互配合，才能够聚集高新技术产业以及增长发展所需求的资本要素条件。

3. 人力要素

人力资本要素和技术要素以及资本要素相互适应，人力资本要素的递增有助于新产业创造力的提升。高新技术产业为知识密集型产业，人力要素在其中发挥着关键作用，特别是具备创新能力的创新型人才，在形成高新技术产业方面发挥着关键作用。在技术创新过程中，人力资本属于支持性的要素，掌握高素养的创新型人才有助于突破技术创新，在产业创新过程中占据领先位置。

4. 外部要素

除以上阐述的要素以外，许多外部要素也会刺激并影响企业的生产，尤其是和以上阐述要素相关的潜在供给环境以及公共基础设备。除此之外，产业的形成还会被信息以及企业家要素所影响。

分析对产业创新造成影响的各种要素，技术要素在其中发挥着关键功效。技术要素从根源上导致了各个产业之间的偏差。新兴产业和传统产业相互独立，无论资本如何递增，都不会造成产业性质的变化。人力资本在技术创新方面属于重要的支撑性要素，但是如果并未转变成技术要素或制度要素，依旧不会推进形成新产业。在构建新兴产业的过程中，技术要素发挥着决定性的功效。不仅如此，技术要素具有强大的排斥性。产业可以借助技术壁垒保护自己，维持自身独立性。资本要素和人力要素是通用的，其获取相对简单，但是技术要素带有垄断性质，所以很难随机获取。所以技术会保护产业，排斥不具备技术要素的企业随便进入。虽然部分市场有着强大的发展空间，但是并未掌握重要技术，所以很难进入。各个企业在竞争过程中，技术发挥着关键作用。

5.1.8 产业创新路径

1. 产业转移

产业转移是资源供给以及产品的需求条件出现了变化，部分产业从某一国家和地区向另一国家和地区转移。产业转移对承接地经济的发展有一定的推动功效，在产业创新思路中也是十分关键的构成部分。经济要素、环境要素以及政策要素都会影响产业转移。经济要素主要是对成本、价格、市场以及基础设施和产业关联条件的权衡。环境要素主要是各个地区在破坏环境方面的承受能力，以及地理人文环境的质量状况。政策要素主要是税收以及产业政策的限制，国际政治关系也是关键要素。

承接产业转移对产业创新的实现有积极意义，结合当前的产业资源，推动产业升级以及产业发展。我国东部地区在区位方面占据着有利位置，必须把握好发达国家产业转移的机会，承接劳动力密集型产业等加工工业，展开产业创新，对当地经济发展有一定的推动功效，并且也带动了国家经济增长。

在产业转移中组织产业创新十分重要，必须紧紧把握好机会，推动创业创新，推进结构优化调整，拓宽产业规模。

　　产业转移中的产业创新指的是打造自己的品牌，促使产业的附加值不断提升，同时还需要关注污染超出标准的情形。产业转移实际上是吸收并变革产业发展。潘未名调研指出，在民族经济以及母国利益的"多国国内战略"影响之下，跨国公司转变了经营战略，落实"无国境战略"，追求公司最大化的收益，跨国公司的海外生产严重影响了母国制造领域的国际竞争力，所以会推动母国产业空心化。罗建华等系统调研了国际产业转移对我国区域经济造成的影响，最近几年我国区域经济增长差别较大主要是因为国际产业转移的地域分布不均衡，在产业集群形成上有重要的推动功效，推进了东部工业化步伐，对我国企业技术创新以及制度升级有拉动功效，竞争格局更加严峻，调整了市场活动，转变了产业机构。总的来说，产业转移效应也就是整合升级效应，有助于转移方自身结构升级，促使内部空间联系趋于有计划，并且被转移方的产业结构也会随之改变，强化彼此之间的外部关系。把握有利条件，弥补不足，应对风险，对走捷径以及自主研发、技术和品牌创新的关系加以管控。产业转移对自主创新能力提高意义重大。

2. 产业集群

　　产业集群指的是在某一特殊领域内许多关联紧密的产业以及企业等在空间方面的聚集构成了持续竞争优势。产业集群属于产业创新举措，有助于提升经济的竞争实力。集群式产业创新主要借助集群的组织方式，利用自身的有利条件，组织专业化的分工、合作，保证在这一地域聚集同一产业或相关产业企业，形成创新聚集，获取创新优势的创新组织形式。其结构处在市场组织和层级组织之间，对比市场组织，更为稳定，和层级组织相比更为灵活。各个企业构建了长久稳定的创新协作关系，对单一企业或单一产业组织进行分析，企业纵向一体化的态势更加显著。通过企业内交易取代高成本的市场交易，促使交易成本不断下滑，利用纵向一体化提升企业生产以及企业销售的稳定性，同时还能够在产品销售渠道、原材料供给以及生产成本和价格等层面占据有利位置，提升企业的进入限制。不仅如此，企业对市场信息的敏感度也会不断提升，企业更加注重高新技术产业以及高利润产业的发展。

产业聚集会影响区域产业创新以及区域经济的发展。产业集群指的是在特殊范围内，不同产业之间的相互交融以及不同类型的机构密切关联，超越了一般产业的范畴，在竞争过程中占据着有利位置，形成了区域特色。产业集群状况是对经济体的有效考察，也是探究某一区域发展水平的关键指标。站在产业结构以及产品结构视角上，产业集群从根本上来说是商品的加工深度以及产业链条的延伸，站在这一视角上是产业结构的不断改良。从产业组织角度出发，产业群是某一地域内某一企业、大公司、大集团纵向一体化的发展态势，将产业结构和产业组织紧密结合。产业集群指的是产业成群，围绕成一圈聚集发展。换句话说，在一定的区域内构成某一产业链条或某些产业链条、产业集群的关键是在一定的空间中，产业的高集中度对于削减企业的制度成本有积极意义，同时还能够提升范围经济效应以及规模经济效益，对于产业以及企业竞争实力的提升有重要作用。

3. 产业融合

产业融合指的是受到技术发展以及放松管制的影响，出现了在产业边界以及交叉位置的技术融合，以往产业产品的特征以及市场的需求随之改变，各个企业的竞争关系以及合作关系随之改变，产业界限模糊，必须重新划分。产业融合推动了产业创新以及产业的发展，对于产业竞争实力的提升有积极意义。站在产业创造价值的视角上，产业融合有助于提升生产能力，对产业规模有一定影响，同时还能够提升产业在市场当中的份额以及扩张能力，提升产业的增长潜力以及经济效益。现如今社会生产力不断发展，产业结构随之改变，势必会出现产业融合。

产业融合表征着传统产业的边界更加模糊，经济趋于服务化。打造各个产业的新型竞争协作关系，形成复合经济效应。产业融合导致经济发展充满生机和活力，迎来了巨大的发展机会。在产业创新以及产业发展过程中，产业融合发挥着关键作用。

产业融合之后，市场结构随之改变。竞争的范畴不断变化，新参与者进入市场，开创了新市场。竞争性不断提升，并且打造了新的市场结构，对资源的科学分配以及就业机会增加以及人力资本发展有积极意义。在产业融合过程中，出现了企业并购等情形，形成了新市场结构、新市场活动，彰显的是价值链条的变化。在竞争以及自由化的影响之下，信息服务的传递及发送趋于日常化，并且商业活动的边际成本不断下滑，市场结构随之变化，产业融合提升市场的经济效率。

在产业融合过程中，技术迅速发展有助于提高生产工艺，促使生产的过程趋于合理，生产管理技术更加科学。生产者能够削减生产成本研制优质产品，同时还能够和消费者个性化以及高品质的商品需求相互适应。在产业发展过程中，产业融合有助于消费者提升利用的成效。生产者要获取更多利润必须注重资源配置的功效，因此，产业融合式的产业创新发展对资源的分配以及市场绩效的提升有积极意义。

5.2　产业创新的必要性

5.2.1　我国面临的贸易环境

20世纪90年代以来，我国的价值链不断变化，重视核心技术以及价值链高端产品的进口，市场和资源"两头在外"有助于提高我国的经济实力，提升民众的生活水平，但是也使我国在国际分工中长时间居于"担水劈柴"的地位。我国产业多处于全球价值链的中低端，低端产品过剩，高端产品不足。2020年德国一家机构评估我国有5大类20多种细分行业严重依赖进口，比如说电子信息、高端装备制造、航空航海发动机、智能仪表仪器、医药和医疗器械等。其中像高端芯片，半导体的关键设备材料，90%以上依赖进口（李毅中，2020）。当贸易保护主义抬头，出口导向型经济发展模式就遭遇严峻考验。与此同时，由于美国滥用美元在国际储备货币中的支配地位，中国和其他发展中国家一样，遭受着美元霸权的掣肘，中国经济的长期稳定发展需要新的发展格局（贾根良，2021）。

美欧对先进技术的封锁和惜售达到了空前水平，甚至组团防止先进技术的扩散，尤其是高端半导体技术，试图维持技术垄断。2021 年 5 月，包括美国、欧洲、日本等地的 64 家企业宣布成立美国半导体联盟（SIAC），寻求国会拨款补贴，为《美国芯片制造法案》争取资金。由于该组织是一个由半导体企业和半导体下游用户组成的联盟，几乎涵盖了整个半导体产业链，将对半导体技术的全球扩散造成显著的负面影响。由于任何一个经济体都不想受制于人，不想因为正常时期的产业链供应链最后变成了纷争时的"卡脖子"产业链供应链，全球产业链和供应链在相当程度上将发生重构的风险。

核心技术产业链和能源供应链格局的重构是未来全球产业链供应链发生重构的焦点。产业链和供应链重构本身会带来动荡，而且重构又将在持续动荡的环境中进行，重构将随着地缘政治格局的演进而不断变化。全球产业链供应链重构成本既包括经济成本，也包括地缘政治成本，这一轮产业链和供应链重构必将是人类历史上成本最昂贵的产业链和供应链重构，与 20 世纪 90 年代开启的全球经济自由化时期的全球产业链供应链构建存在巨大差异，会对全球经济增长造成持久的负面影响。

核心技术的自主性和能源安全将带来全球技术创新的竞赛和新能源产业的大发展。俄乌冲突凸显了只有在关键技术和能源上拥有自主性，才能拥有和夯实对外战略自主性的底气。

党的十九届五中全会提到，在现代化建设中，创新占据着核心位置，国家发展离不开科技。推动自主创新必须充分重视保护好国内高端产业的市场。我国具有价值链高端产品得以应用的巨大国内市场，但在当时的历史阶段，由于种种条件的限制，很难为高端产业的自主创新提供有力的支持（贾根良，2019）。

5.2.2　当前产业创新存在的问题

改革开放以后，经济增长速度不断提升，我国产业发展势头十分强劲，和世界水平之间的距离逐渐缩短，竞争实力不断提升，并且在结构调整方面获取了一定的成效，产业信息化的步伐不断提升，高新技术产业所占的比例不断上涨，传统产业所占的比例不断下滑，产品出口结构持续调整，制造业生产以及出口维持持续递增的态势。产业集中度不断提升，规模经济发展势头十分强劲，国有企业以及集体企业所占的比例不断下滑，三资企业以及私营企业在产业发展过程中是关键的力量源泉，但是在产业发展过程中依旧存在很大的缺陷，以下是详细表述。

（1）在产业创新过程中，技术水平相对较差，产业技术水平不高。和国际水平相比，我国大中型企业的技术水平落后超过5～10年，能耗对比国际先进水平，超出40%。和国际利用率相比，资源的利用率低20%，耗用的成本高30%，生命周期以及可靠性低20%。除此之外，产品的技术等级相对较低，部分关键产品和国际水平的品质以及成本对比差别相对较大。例如，轴承钢是国际质量标准的10%。我国生产的高附加值产品和国内需求并不适应。

（2）产业集中度较差，企业的组织结构过于分散。例如，制造行业在全球排名第四位，但是在世界五百强企业中，中国制造企业不在其中。对比先进工业国家，我国制造业中的大中型企业绝大部分都是中小企业。例如，一汽集团公司是我国最大的汽车制造企业，其2005年的销售额仅仅是通用汽车的3.7%，中石油以及中石化的资产总额只有埃克森美孚的63%，营业收入只有埃克森美孚的33%。

（3）技术创新能力相对较低。我国产业发展研究缺少开发经费，并且创新人才相对稀缺，人才外流的情形十分严峻，具备自主知识产权的商品稀少，产业主体技术主要依赖于国外。最近几年，这一态势更加显著。

（4）行业垄断依旧十分显著。例如，房地产行业获取的超额收益，主要是因为政府在土地资源方面的垄断供应，也就是行政性垄断。表面来说，我国房地产企业数量在 4 万家以上，竞争十分严峻。但是因为房地产行业的上游土地市场由政府垄断，所以政府所供应的土地储备以及招、拍、化等举措从根本上来说是垄断土地供应。所以可以获取垄断的超额收益，并且许多收益借助协议转让流通到了房地产企业。

（5）产业创新机制不完善，政策体系不健全。从宏观角度出发，我国现如今设置的产业创新主管部门缺少有效的互动机制。各个部门以及各个地区之间的条块分割并未形成凝聚力量。从微观角度出发，我国企业并非创新的主体，缺少形成企业家的机制，特别是国有大中型企业缺少清晰的产权，产权结构不科学，公司的治理结构存在问题。责任和权利不对等。许多企业是传统的生产型企业，并非创新型企业，站在融投资的视角上，风险投资存在很大的问题，缺少投资限制、监督以及考核机制，必须提高投资效率，不仅如此，技术引进消化吸收机制、人才激励机制以及科技成果转化机制和分配机制等还需要不断调整改良。

具体到海洋产业，存在产业结构不合理、各地同质产业转型竞争的压力大、转型制约因素多、可持续创造能力不足等问题。因为长时间依赖各个地区海洋产业布局存在同质化竞争，缺少秩序，产业分布零散，很难构成区域竞争实力，对产业优化有消极影响。因为部分海洋产业布局分散，资金、技术、人才、基础设施等难以形成合力，难以改变原有的产业布局，重化、物流、旅游等产业的转型升级缓慢。海洋科技人才稀缺，科技力量不足，并未构建转化科研成果的有效机制，海洋科技在支持海洋资源开发以及海洋产业转型方面存在限制。

5.3 海洋产业创新路径

十三届全国人大常委会第七次会议通过了《国务院关于发展海洋经济加快建设海洋强国工作情况的报告》明确指出，"对比发达国家海洋开发的情况，我国海洋经济发展仍处于相对较低水平"。我国经济高质量的发展离不开海洋经济，但是现如今其开发层次还有很大的问题，产业结构滞后，海洋新兴产业所占的比重相对稀少，科技创新基础较差，海洋创新以及产业结构还需要不断调整。

海洋产业创新在海洋经济发展过程中发挥着引领功效，是海洋新兴产业发展的重要力量源泉，但是创新发展迅速，环境不断变化，比较复杂，导致单一机构很难完成内部创新，所以构建并维系和外部长久合作是创新获取成功的关键。

5.3.1　海洋产业结构升级

我国传统海洋优势产业在自然资源禀赋、区位以及资本、技术和规模经济方面占据着有利位置。被市场普遍认可，为我国发展海洋经济奠定了基础。但是由于生态环境遭到破坏，涉海劳动力成本不断提升，资本投入增加，技术转换不顺畅，产业结构不科学导致，过度依赖资源，要素发展粗放，所以引发了衰退风险。国家要提升产业的核心竞争实力就需要不断优化升级，传统海洋优势产业的发展离不开创新驱动。

变革第三产业，强化创新创业平台的建设。围绕临海综合性工业量变升级，推进工业基础设施建设。参照现代产业体系整合优化路线构建，借助物流产业节点建设转型，构建综合性特色港口。

1. 科学引领产业布局

产业布局需要构建区域协调机制，有针对性、有秩序地组织发展。借助相关政策举措，确保各方经济利益的均衡性。同时还需要不断优化国内外经济合作，参与产业布局优化，确保科学地引导海洋产业布局，构建海洋产业集聚，推动海洋产业的优化和升级。做好海洋陆地一体化产业联动，促使产业的配套能力不断提升，结合科技水平、劳动力素质以及自然资源等，明确主导产业，整合科技产业转移、土地及服务等资源，形成产业集群辐射效应，促进产业升级和经济发展。

2. 合理选择产业转型模式

国内外海洋产业转型升级模式有三种，分别为复合模式、产业链延伸模式以及发展全新的产业模式。我国许多地区海洋产业在产业链中处于低端位置，水平相对较差。为了推动海洋产业的发展，需要结合海洋产业的各个项目以及经济区的实际状况，有针对性地选取合适的发展模式。

通过延长价值链，减轻对全球价值链的过度依赖。逐渐制造进口中间投入的替代品，削减过度依赖发达国家主导的全球价值链的情形。延长价值链可以从三个角度出发提升企业创新能力。首先是生产力的提高。延长企业价值链条有助于推动其融入价值链的程度。企业在国际垂直分工中占据着有利位置，能够提高企业的生产率，对企业创新有一定的刺激作用，有助于产业价值链升级。其次，推动产业聚集，严查国内价值链，能够促使企业的规模经济水平不断提升，强化各个企业之间的关联以及资源整合能力，为企业创新能力的提高奠定基础。最后，缓和企业的融资管束。因为供应链企业的关联十分紧密，所以延长国内价值链在某种意义上能够供给稳定的资金链条，削减供应链不确定风险，为企业的技术更新以及技术优化创造条件。

3. 推动海洋产业内部分工

为了避免海洋产业竞争同质化的情形，需要协调海洋产业，注意内部分工，促使高附加值产业在海洋产业体系中所占的比例不断提升，提高附加值，各个要素聚集到高附加值的环节，打造规模效应。构建海洋产业平台，指引产业整合延伸。现如今现代经济发展势头十分强劲，海洋产业的发展模式更加注重产业间融合。需要构建完善的产权制度，构建服务平台，削减企业成本，打造优良的外部环境。同时还需要强化海洋产业的精细分工，拓宽上下游产业链条，完善服务机构。

4. 培育海洋主导产业

需要结合海洋经济发展的目标，充分利用海洋经济发展的拉动功效，培育海洋主导产业。培养龙头企业，构建上下游产业链条，减少企业开支，完成产业聚集。吸引同类企业，推动产业结构升级，打造特定产业的优势，在聚集海洋产品以及优化结构的过程中，合理地引导跨产业的特点，加深服务增值理念，推动海洋服务领域的发展。结合海洋产业演变的规律以及海洋经济发展的现实状况，促使海洋产业从资源型产业转变为服务型产业，推动生产型服务业的发展。除此之外，还需要拓宽港口的功能，构建相应的合作产业体系，强化创新以及知识产权战略。结合港口物流，推进金融服务业的发展以及配套服务业，包括旅游业、餐饮业以及休闲业的发展。

5.3.2 海洋科技创新

1. 加强高素质海洋科技创新人才的培养，壮大科技人才队伍

鼓励海洋教育，增添高等院校海洋相关专业，涉海高校需要激励学生参与科研基金项目。主动参与实践调研，促使学生的操作能力以及创新能力不断提升。同时，还需要强化海洋专业人才的培育以及引进编制、引进人才的优惠举措，组织海洋人才招聘会，对外来的人才给予优厚的福利待遇，供给居住场所，编制有效的人才激励制度，强化创新海洋技术的奖励，为科技人才构建优良的学习氛围以及工作氛围，充分刺激他们的创新热情和活力。

2. 加强海洋科技投入的力度，注重技术创新成果的转化

政府采取有效的举措提升对海洋科研资本的投入，例如，激励举措、税收优惠举措以及财政补贴。鼓励民间资本主动参与科研，民众积极参与融资。不仅如此，还需要把海洋技术创新政策和产业结构升级关联在一起。组织技术人员科技入户，推动科技成果的转化，强化科技成果基地建设，例如，成果转化基地以及公共转化平台和中试基地等，为我国创新传统海洋优势技术奠定基础。

3. 充分利用海洋创新知识溢出效应，加强产业内技术交流，增加创新产出

鼓励科研机构以及高校和海洋企业之间在技术层面的协作，搭建创新平台，共享技术创新资源。同时还可以建设涉海科研机构和实验室，对海洋中介技术服务体系加以完善，开展学术会议，强化和海洋经济发达国家，例如，日本、韩国以及德国的技术沟通和合作，提升知识溢出的效率。针对远洋捕捞产品减免征收增值税，对于自主创新产品给予相应的税收优惠。推动涉海企业、高等院校和政府之间相互协作，构建"官产学研"，促使自主创新活动的热情和活力不断提升。

4. 创新绩效与科研投入挂钩，提高科研经费利用效率

在海洋产业技术创新的过程中，需要强化市场转化绩效的探究。关注科研项目的绩效评估，设计合理的经费使用指标评价体系，结合市场的需求运用科研经费，不仅要关注项目的层次、数量和经费，还需要关注项目调研能否提升科技创新水平以及海洋产业的创新水平。对薪酬激励制度加以变革。科研经费和奖励主要针对的是海洋专业技术人员。从传统海洋优势产业产值税收中分离出部分资金充当技术创新发展基金，对获取的科技成果做好宣传。

5. 引入竞争机制强化企业技术吸收能力

发展中国家要提高国际竞争实力就需要提高技术吸收能力。改革开放后，我国指出了"引进—消化—吸收—创新"的技术发展路线，虽然在引进技术层面有积极作用，但是在吸收以及消化等层面还有很大缺陷。本土企业要提高全球价值链中技术溢出的吸收能力，就需要在技术更新过程中冲破低端锁定的格局，引进竞争机制有助于调动企业的危机意识以及创新意识。

提高海洋产业异质性产品的供给能力，充分利用产业链中的协同效应，利用增强抑制性生产能力，促使企业在严峻的竞争中占据有利位置，在合作过程中弥补各个企业在市场信息以及资源方面的缺陷，在和上下游企业合作提升价值链的进程中，促使国际影响力不断提升。

提升海洋产业的区域差异化，进行区域协同。根据不同区域的特征，对海洋产业进行全局的合理布局。避免"一窝蜂"同质化竞争，深层次落实地方绩效考核制度，注重创新，结合当地产业特色优势构建创新竞争气氛，求新求异。

5.3.3 政策创新

1. 加强政府对提升传统海洋优势产业创新驱动能力的扶持力度

沿海各省份出台了和海洋科技发展密切相关的法律条例，政府需要做好落实工作。编制相应的资金帮扶举措，吸引海洋科技优秀人才，注重保护海洋共性技术以及专业技术研发，重视海洋使用的确权以及海洋专利保护。在传统产业当中充分引进优质的资源要素，打造创新平台，将海洋传统优势企业和科研机构以及企业集团密切关联在一起，帮扶传统海洋优势企业发展，确保研发的产品符合规范的服务体系。

2. 通过市场建设扶持海洋传统产业发展

加强市场建设，转变海洋企业杂乱以及散漫的格局，转变海洋产品价格不合理的情形。打造市场交易制度，完善传统海洋创新产品，确保其价格机制和市场建设的专业性相互适应。部分市场十分分散，并且规模较小，需要做好相应的整合，政府设置专项资金，给予税收以及土地利用方面的优惠举措。结合传统海洋优势产业主导商品，培养具备当地个性色彩的专业市场。巩固市场需求，拓宽销售的方式，降低市场风险，使创新热情不断提升。

传统海洋的优势产业在技术创新方面，人力资本所做的贡献相对较大，海洋科研经费的投入在技术创新方面的贡献相对较小，对比创新驱动能力，其他投入要素发挥的功效相对较少，政府的支持以及海洋知识的溢出会正向作用于我国传统海洋优势产业的技术创新。

3. 强化海洋产业的投资力度，筹集转型资金

申请国家帮扶，建设重大项目。给予税收优惠，返还一定比例的地方财政收入。不仅如此，还可以借助优惠措施改善投资环境，吸引外商，获取海洋产业转型需求的资金，转变其金融结构，从民间、行业协会以及政府等不同的视角出发帮扶蓝色信贷。在民间、个体以及企业和政府之间引进市场机制，促使投资行为法治化、市场化，将政府的投资活动转变成和地方经济发展相互适应的市场投资行为，强化约束机制，提升社会资金配置的效率。

4. 建设并完善海洋产业创新体系，加强海洋科技创新，有针对性地落实海洋科技创新战略，注重高科技变革传统海洋产业以及高科技产业的发展

充分开发海洋资源，推进海洋产业结构的优化以及改良，提升海洋产业的竞争力，促使海洋产业以及海洋经济逐渐迈向资源节约型以及环境友好型，确保发展的可持续性，强化海洋合作，推动海洋油气产业的发展，落实油气盆地勘查工作，提高存储量，维持油田的生产水平，同时还需要拉动海洋产业群的发展，包括滨海砂矿深加工业、海洋渔业、海水综合利用业、交通运输业、盐化工业和海水淡化业等。

5.4 山东省海洋科技创新的情况

5.4.1 山东省海洋科技创新基础

山东省海洋科研力量在全国占据着领先位置，海洋人才占比高达一半，山东省的海洋领域院士数量占全国总数量 1/3，构建了 55 个省级以上的海洋科研教学机构，236 个省级以上的海洋科技平台，其中国家级 46 个；省级以上企业技术中心中涉及海洋产业领域的近 30 个，海洋科技实力走在全国前列。截至 2019 年，海洋经济发展质量不断提升，新兴产业发展势头十分强劲，海水淡化、海洋生物医药以及综合利用产业增加值在全国排在第一位。建设了国家级海洋牧场示范区 44 个，占比 40%。新建设的省级海洋牧场示范项目 22 个。举办首届海洋动力装备博览会、东亚海洋合作平台青岛论坛和东亚海洋博览会等活动。设立"中国蓝色药库"开发基金 50 亿元，建成现代海洋药物、现代海洋中药等 6 个产品研发平台。新增海洋工程技术协同创新中心 63 个，青岛海洋科技试点国家实验室获得了国家立项。

5.4.2 山东省海洋科技创新的不足

1. 科技创新能力不足，转化效率不佳

山东省的海洋科研优势尚未充分转化为海洋经济优势。省内海洋科研创新能力不足，山东省海洋科技创新的经济贡献率远低于国际水平，海洋科技成果转化不足，海洋高端人才稀缺。海洋生产总值主要来自传统海洋产业，新兴产业并未发展为主要经济增长点。2016—2019年，山东省海洋科研教育管理服务业持续递增。但是2019年山东省海洋生产总值在全国生产总值中所占的比例小于20%，这一比重小于海洋科研力量在山东省之下的广东省，青岛市是山东省海洋经济发展的龙头，掌握得天独厚的技术支撑和人才基础，2019年青岛市海洋生产总值仅占全市GDP比重约1/4，这一比例低于上海的27.2%（图5-1）。

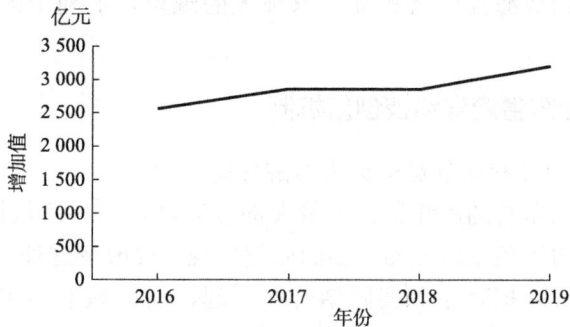

图5-1 2016—2019年山东省海洋科研教育管理服务业增加值
数据来源：山东省海洋经济统计公报。

2. 海洋科技力量分散，区域间发展不平衡

山东省海洋经济发展有强大的实力，是北方对外开放的关键平台，也是"一带一路"与黄河生态带交会的枢纽，通过东北亚地区连通"海上丝绸之路"。作为制造业输出的发力区域，山东省海洋经济基础雄厚，具备丰富的海洋创新资源和优越的海洋创新环境，海洋科研教育优势突出，成为全国科技创新与技术研发基地。山东

半岛的现代海洋产业集聚区具有强大的竞争实力，海洋科技教育核心区在全球居于先进水平，是海洋经济改革开放先行区，也是重要的海洋生态文明示范区。在不确定国际环境下，山东省海洋产业的发展要促进海洋创新重大科技成果产出，就需要开发健全的海洋产业链条，提高创新投入转化的成效，提高海洋创新绩效，构建核心枢纽，推进"一带一路"建设。

山东省海洋科技力量全国领先，但省内各城市海洋科技力量相差悬殊。山东省的涉海城市很多，如烟台、威海等，即便和区域中心城市邻近，但是各个城市的海洋科技创新水平有很大差别。山东省海洋科研力量占据全国半壁江山，而仅青岛一个城市便拥有约占全国 1/5 的涉海科研机构、1/3 的部级以上涉海高端研发平台，涉海两院院士占比为 27.7%，其他涉海城市拥有的海洋科技力量不足以支撑城市海洋经济得到快速发展。山东省省内的沿海城市长此以往，易造成海洋经济青岛一家独大的现象，不利于区域间平衡发展。

5.4.3 山东省海洋科技创新机制

1. 把海洋科研优势转化为经济优势

目前山东省的海洋科研力量大部分以高校和科研机构为载体，更多的致力于理论研究和更多的原创发现，要改变这种以基础研究为主的格局，把理论和实际结合在一起，加快理论到实际操作的转化。

科研人员是科学研究的主体，科研评价机制和人才评价机制对科研的发展方向往往具有重要的导向作用。山东省海洋科研人员在开展科研活动时，通常对经费申请、论文、影响因子、奖项等考虑较多。要加快科研向经济的转化，就必须加强引导，让从事科学探索的科研工作者们增强主动服务国家战略、市场需求的意识。

建立科研成果和市场需求之间及时沟通、顺利转化的绿色通道。科研成果转换并不顺畅，在成效落实领域还有很大缺陷。科研成果的转化落地是一项充满复杂性、系统性、风险性的工程，涉及法律、法规、政策、经验、资源和资本等诸多方面。要把科研优势转化为经济优势就必须要建立一套完整的转化服务机制，形成良好的技术转化环境。

人才是实现科技创新的第一要素，当前山东省的海洋科技领域缺乏具有前瞻性和国际眼光的战略科学家群体和团队。要加强国内外人才引进，制定人才优惠政策，加强对海洋优秀科技人员的吸引。

2. 巩固提升海洋优势产业

相对于江苏、浙江等经济发达省份，山东省的海洋产业总体实力和其发展存在一定的差距，但是在一些优势产业上，山东省又有更大的发展潜力，在应对海洋产业省际竞争激烈的这个问题上，山东省应该扬长避短，发展优势产业，优势产业发展壮大之后带动相对落后产业发展，最终实现均衡发展、齐头并进的局面。同时要支持青岛、烟台、威海建设国家海洋工程装备及高技术船舶创新中心，鼓励并引导东营、滨州、潍坊、烟台建设黄河三角洲国家生态渔业基地，帮扶青岛、潍坊打造绿色大功率船用发动机生产基地，东营建设高端海洋石油装备创新中心。高水平建设"海上粮仓"、国家海洋牧场示范区。充分发挥现有优势，壮大长板以优势带动劣势，最终在与其他省份的竞争当中获得优势地位。

3. 平衡地区发展，优化整合各地科研力量

总体科研实力的领先和地区科研实力发展的不平衡是山东省海洋科技发展所面临的主要问题，优化和整合科研力量，加强各地区之间的科研问题交流成为需要首先解决的问题。在发展地区科研时，要持续加大省自然科学基金对青年科研人员的资助比例与资助强度，鼓励高校、科研院所制定出台加强科研团队建设政策措施，赋予首席科学家科研、经费、绩效评价等自主权。探索以省重点实验室主任牵头组成科研团队，组织实施重大基础研究项目攻关新模式，优化重组省级实验室布局。谋划组建山东省实验室，优化整合现有省重点实验室，构建新时代省重点实验室体系。在新一代信息技术、新材料、先进制造等与海洋产业需求密切相关的领域，人工

智能、大数据、物联网等前沿、新兴、交叉领域布局建设一批省重点实验室。有序推进省重点实验室验收和绩效评估工作，实行动态调整，通过整合各地区的优质人才，组建高级科研团队，同时也可以负责全省科研工作的调度和安排工作，在做好科研先锋堡垒的同时，也做好全省海洋科研的信息沟通桥梁。

4. 创新海洋人才培养和成果转化体制

海洋研究往往涵盖物理、化学、生物等多学科，一个部门、一个单位难以独立完成，需要多学科交叉协同研究。海洋科研领域应打破部门单位的界限，打造海洋科研协同创新平台。在青岛即墨建设海洋科学和技术国家实验室。这一实验室现已搭建起超算平台、科学考察船等科研共享平台，致力于打破行业壁垒、改变涉海科研资源碎片化的现状。中科院着手整合 13 个科研院所，拟在青岛建立海洋大科学中心，开展多学科交叉协同创新研究，共同培养人才，孵化成果。

实验室到生产线，科研成果需要克服一系列困难，如原材料、设备、技术审批等。由于缺少资金、人才或相应的政策，科研成果转化可能失败。为此，政府应加强顶层设计，建立灵活的科技成果转化和产业化机制，做好配套，畅通科技成果转化渠道。制定相关政策鼓励海洋科技成果的转化，帮助转化的成果产业化。加大科研投入，加大对大型海洋科学装备建设的支持力度，用科学装备武装科研工作者。保证研究人员从中正当得利，激发科研工作的积极性，让科学院科研人员可以心无旁骛地做研究。对科研人员的试错多些包容，创造良好的创新环境，筑巢引凤。

第6章
DILIUZHANG
山东省海洋第一产业的创新发展

海洋第一产业，指海洋农业，人类有效运用海洋生物，把海洋环境中的物质能量转换为具有实用意义的物品以及具有经济价值的海洋生物。海洋渔业、海洋木业以及海水灌溉农业、海水养殖业、海洋植物栽培业等都是这一产业的关键构成。

海洋第一产业的相关部门生产过程离不开各个基本要素的相应影响，也就是生物有机体、自然环境、人类劳动的影响。和陆地农业一样，把再生产中的经济再生产环节密切关联，展示自己的特征。

山东省是海洋与渔业大省，三面临海，海域自然资源以及地域区位方面占据着有利位置，和黄海以及渤海海域濒临，陆地面积广阔，海岸线长度是全国海岸线长度的1/6，在社会经济发展中，海洋渔业经济占据着关键位置，属于传统海洋渔业大省，其发展海洋渔业在资源、区位、产业和科技等方面均具有传统优势。发源于山东、成形于山东的"鱼、虾、贝、藻、参"5次海水养殖产业浪潮使我国渔业实现了"养殖高于捕捞"的历史性突破，"以养为主"的渔业发展方针得到切实贯彻。据《中国渔业统计年鉴》数据显示，2019年我国海洋渔业总产值超过6 000亿元，山东省占比约1/5，海洋渔业规模居全国第一。在"十三五"期间，山东省还提出加快推进"海上粮仓"建设，成为全国首个推出省级试点方案的省份，截至目前，拥有44处国家级海洋牧场示范区，占全国的40%。

6.1 山东省海洋渔业发展面临的问题

6.1.1 海洋渔业资源短缺

近年，出现了许多人为干扰要素，例如，水资源污染、水利工程建设以及捕捞过度等，全球的渔业资源不断下滑，对渔业的可持续发展以及实物产出的安全有消极影响。20 世纪 70 年代，我国海洋捕捞能力超过了海洋渔业资源的再生能力，1999 年以后，捕捞的总产量趋于稳定。海洋渔业资源特别是近海渔业资源呈现出衰退的趋势，如果缺少人工增殖放流，近海海域最终势必无鱼可捕。

山东省的海洋渔业捕捞量在我国沿海省份中位居前列，其中，海洋渔获量在 2001 年出现骤减，此后直到 2016 年呈现逐渐平稳下降趋势，到 2017 年山东省海洋捕捞数量急剧减少，较之前年份总捕捞量减少 23.7%，在随后的两年间依旧保持稳定的下降态势。

就目前山东省海洋捕捞渔船功率情况来看，1999—2011 年，山东省海洋渔船功率持续上升并达到峰值，此后保持下降的趋势，在 2015—2019 年呈现持续大幅下降，从 1 401 600 千瓦下降到974 962 千瓦。山东省作为海洋大省，渔船功率下降幅度明显，海洋捕捞产量持续减少，表明山东省保护渔业资源、维持生态平衡等方面做出了诸多努力，使得海洋捕捞强度得到一定的控制，从而达到海洋渔业可持续发展的目标（图 6-1）。

6.1.2 远洋捕捞竞争力不足

远洋捕捞是指在 200 米等深线以外大洋区进行捕捞作业。随着近海环境恶化与渔业资源枯竭，远洋捕捞业是海洋捕捞领域的新增长点。远洋捕捞产品有丰富的营养，和人类活动区域距离较远，没有污染，绿色健康，对确保民众饮食健康，消费升级意义重大。尽

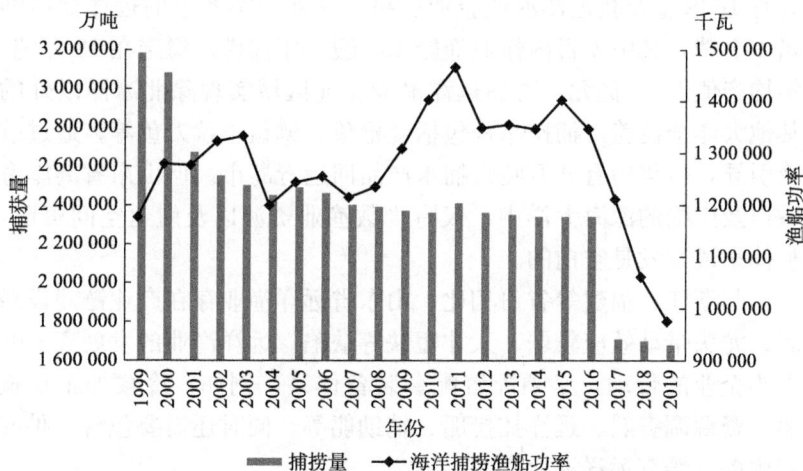

图 6-1　山东省海洋渔业资源捕捞量与渔船功率
数据来源：《中国渔业统计年鉴》。

管最近几年我国远洋捕捞行业发展势头十分强劲，但是对比远洋渔业发达国家，我国起步相对较晚，整体发展相对滞后。

我国先后和多个国家签署了双边渔业合作协定，例如，中国—也门渔业协定、中美渔业协定、中俄渔业协定、中俄两江渔业资源管理议定书、中国—几内亚渔业协定、中国—毛里塔尼亚渔业协定、中国—巴布亚新几内亚渔业协定、中日渔业协定以及中韩渔业协定。现如今，我国很多企业开始挖掘境外的海洋资源，结合统计的资料和数据，我国从事远洋渔业的企业共计 90 个。建设了 2 000个远洋渔船，这些渔船分布在 30 多个国家的专属经济区以及公海领域，提升了我国的国际竞争实力，推动了国家经济的发展，符合国际市场的需求。

我国沿海省份十分注重帮扶远洋渔业的发展。山东省集中精力发展金枪鱼产业，结合国内市场的状况组织金枪鱼加工和物流配送；辽宁、福建以及上海等地颁布了许多举措，推进远洋渔业的发展。作为山东省海洋经济的代表城市，青岛市在提出构建半岛蓝色经济核心区的形势下，对远洋捕捞行业的关注度不断提高。青岛市共有 16 家企业获远洋渔业企业资格、作业门类齐全的远洋捕捞渔船 173 艘,其中项目内作业渔船 159 艘,年捕捞量稳定在 13 万吨,年均产值近 20 亿元。青岛远洋渔业作业区域实现除北冰洋以外的其他大洋全覆盖,捕捞品种包括金枪鱼、鱿鱼、秋刀鱼等,通过政策引导,每年约有 9 万吨自捕水产品回运青岛市。但山东省离岸海域以及广阔的深海大洋中,仅有少数渔业资源以及航道空间资源,整体来说开发是空白的。

与浙江、福建等省份相比,山东省远洋渔业存在产业链建设滞后、龙头带动效应较弱、人才短缺等缺陷。远洋渔业的发展离不开龙头企业的带动,必须配置配套装备体系,例如,冷藏加工运输船、资源调查船、远洋捕捞船、辅助船等,同时还需要包含各种配套服务,培育远洋渔业人才。

不过,不论是近海捕捞还是远洋捕捞,都受到渔业资源的制约。1994 年底落实《联合国海洋法公约》,地球上富饶的公海演变为沿岸国家专属经济区的占比高达 36%。公海捕捞需要较高的成本,捕捞配额的竞争更加严峻。即便是日本这样的传统远洋渔业强国产量也在连续下降,只好将部分产能转向近海。远洋渔业并非救渔之道。渔业的发展还是需要保护沿岸海域,建设海洋牧场,坚持增殖放流等。

6.1.3 海洋渔业环境不断恶化

海洋生态环境在海洋经济社会发展中有一定的制约影响。生态环境影响海洋经济发展主要体现在两点,一点是海洋生态环境恶化影响海洋渔业发展,另一点是海洋生态环境损伤了滨海旅游资源,导致旅游资源的经济价值下滑。

1. 海域污染严重

山东省城市建设以及海洋经济发展势头十分强劲,许多人口涌入沿海地区,半岛海陆生产规模不断拓宽,海域污染愈发严峻,引发了赤潮灾害。尤其是海岸沿线的港口、海湾、河口以及和城市距离较近的地域,污染更为严峻,截至 2011 年,山东省全海域严重污染的 2 000 千米，12 000 千米海域不能组织海上养殖，24 000 千米的地域不符合清洁水质标准，徒骇河、大沽河、小清河东营段、滨州黄河口以及莱州湾西南部等海域属于重度污染，威海、烟台城区的海域污染更加严峻。与此同时，最近几年山东半岛海洋产业工厂化养殖、高密度集约化发展迅速，海水养殖规模持续拓宽，近海养殖业的承受能力高于海域的承受能力，海水污染严重，经常发生赤潮，导致山东省近海的生态系统以及渔业资源被损伤，对当地海洋经济发展的可持续性有消极影响。日本核废水排海造成的海水污染，对海洋渔业的发展有消极影响。

2. 生态系统被破坏

在各个渔业大省中，山东省渔业生产对周边海域的天然海洋有很高的依赖性，最近几年海域生态环境持续恶化，捕捞过度，20世纪 80 年代之后，渔业资源开始走向衰退，尤其是渤海海域、莱州湾海域以及黄河口近海地区的越野资源衰退更为严峻，山东半岛海域在发展海洋经济实践中损伤了海洋生态系统，渔业资源面临巨大的风险，生物系统的自我调节能力下滑。与此同时，周围海域的其他海洋资源也遭受着相同的困境。参照 2010 年山东省海洋局对黄河口生态检测数据，黄河口近海海域生物群落平均多样性指数是2.61，大型底栖动物物量是 7.7 克/米，属于亚健康。黄河三角洲的海洋物种资源丰富多彩，依旧出现了这一情形，其他海域的资源也发生了退化情形。

6.2　山东省海洋渔业创新路径

6.2.1　拓展海洋开发空间，建立生态保护长效机制

1. 海洋牧场

提升离岸海域的开发力度。部署离岸深水海域开发试验区建设，利用深水养殖产业逐渐构建并健全离岸海域开发技术装备体系。充分发挥离岸工程设施，例如，人工鱼礁、新型海洋工程平

台、海洋环境整治工程的支撑功效，推进离岸项目的发展，包括深水网箱、底播养殖、海钓、帆船、帆板、游艇、潜水等。重视发展新兴产业，打造海洋综合开发试验区，做好环境保护，新兴产业包括海岛开发、海上（水下）运动、海洋可再生能源、海洋牧场、深水养殖等。在"十三五"期间，在全国优先完成海洋开发从近岸迈向离岸的高度跨越，推动海洋产业部门拓展到离岸，构建海洋立体开发格局，协调海岸带海洋产业，确保点状支撑、带状延伸。

海洋牧场指的是在一定的海域内，结合生态学理论，构建营养层级多元化的海洋生态环境，充分利用自然生产力，建设海洋增养殖生产渔场以及生物资源养护渔场，将产业发展和保护生态环境密切关联在一起，建设渔业发展新模式，确保其高效化、科学化以及生态化，是在海洋生态学原理基础上借助现代工程技术，在一定海域中打造健康的生态系统，合理养护并管控生物资源打造的人工渔场。

山东省海洋牧场建设在国内起步较早，是国家海洋牧场建设唯一综合试点省份。自 2005 年以来，全省已建成海洋牧场上百处，海洋牧场数量位居全国第一位；构建海洋牧场占地 7.7 万公顷，总计投放了 1 800 多万空方的人工鱼礁，增殖放流了 630 多亿单位的海洋水产苗种，构建了 44 个固定式以及浮动式平台，1 艘 3 000 吨级别的大型养殖工船"鲁岚渔养 61699"，4 个大型深水智能网箱，比如"深蓝 1 号""蓝鲸 1 号"等，海洋渔业资源数量与种类有了明显增加；现如今，山东省省级以上的海洋牧场示范区总计 105 个，国家级示范区总计 44 个，在全国占比 40%，位于全国第一位，海洋牧场构建融合了新业态、新技术、新模式以及新产业，推动了传统海洋渔业转型升级，推进了各个产业以及渔业和其他相关产业、现代信息技术的交融发展，产业链条不断延长，传统海洋渔业的生机和活力也随之提升。

根据海域特点、海洋功能核心特色和建设方式，可建设不同类型的海洋牧场保护和利用海洋资源。

（1）投礁型海洋牧场的主要特色是投放人工鱼礁。调整海洋的动力环境，做好生物保护。打造对海洋生物繁衍有积极作用的环境，促使海洋牧场的生态环境趋于好转。投放人工鱼礁能够管控底拖网作业，调整荒漠化的海底，促使生物多样性不断强化。2012—2018 年，中国海洋大学对投礁三年以上的礁区进行探究。在海洋中投放人工鱼礁能够促使生物量上涨 6.7 倍，生物的多样性指数持续升高，总计 60.5％。

（2）底播型海洋牧场是在浅海滩涂以及不适合构建人工鱼礁的海区，结合贝类的生活习惯，构建海洋牧场，主要用于贝类底播增殖，参照的是牧场园区模式。底播的贝类生态服务功效十分关键，其滤水能力以及固碳能力强大，对浮游藻类等繁殖以及水体富营养化有抑制功效。

（3）装备型海洋牧场指的是借助现代渔业装备，例如，深水网箱以及大型养殖工船等，引导海水增养殖由近岸向深远海推进，借助先进的物联网技术、工业技术以及养殖技术构建海洋牧场，确保养殖的智能化、生态化以及高效化。减少近岸因为过度养殖造成的污染，完善深远海增养殖模式，重视保护生态环境。配备垃圾回收设备以及残饵，确保养殖的经济鱼类接近自然生产品质。

（4）田园型海洋牧场的主要特色是将生态、循环增养殖以及立体化的养殖密切关联在一起，保证各种生物营养层级的多元化，属于综合性的海洋牧场。传播多营养层次生态养殖模式，有效地开发运用海洋资源，保证各个养殖生物营养物质的有效运用以及生态功能的相互弥补。优化海洋生态环境，以及水资源质量，避免水资源富营养化，提升海洋的固碳能力。以威海长青海洋牧场为例，养殖海域的固碳量相当于 12 万公顷森林一整年的固碳量。

（5）游钓型海洋牧场的主要特色是休闲海钓。对牧场的渔业资源做好养护，促使生物量不断提升，参照相应的配套建设举措，注重全产业链的发展。将吃、住、行、游、购、娱密切关联在一起，提升海洋牧场接待旅客的能力。根据调研，以长岛佳益海洋牧场为例，在投放了两年金字塔型生态礁以后，礁区单位时间内与捕获的鱼量对比对照区，高出了 2 倍多。

参照调研，2018 年山东省海洋牧场总计获取了 2 400 亿元的综合经济收入，和同期相比增长 14.3％。2005 之后，山东省回捕近海增殖资源高达 67 万吨，产值在 187 亿元以上，我国对主要增值品种的投入产出比为 1∶17。2014—2019 年，山东省级休闲海钓基地、海钓场接待旅客的数量共计 600 多万人次，获取了 14.5 亿元的经营收入，拉动了 147 亿元的消费。

以山东威海德明投礁型海洋牧场为例，投放人工鱼礁长达 11 年，组织了许多休闲渔业项目，例如，海上采摘以及海钓等，主要是底播海参，每年捕捞 3 万千克海参，接待旅客 6 万多人次，获取经营收入 1 300 万元。日照顺风阳光游钓型海洋牧场主营休闲海钓，组织了许多涉渔体验项目，例如，钓虾、摸鱼、鱼拓等，2018年接待旅客 26 万人次，获取经营收入 3 600 多万元，拉动相关产业社会效益在 1 亿元以上。

海洋牧场是"蓝色粮仓"建设的主战场，也是现代渔业高质量发展的关键场地，山东省有充足的海洋自然资源，海洋科研优势明显、海洋渔业发展基础良好，建设海洋牧场是山东海洋强省的重要内容。海洋牧场的建设也体现出了它的价值。

海洋牧场是进行海洋渔业资源保护和开发的综合体，是开展增殖放流和海洋渔业资源保护的典型区域。对海洋牧场示范区进行探究，主要针对的是各个海域的人工鱼礁建设模式以及渔业增殖模式，优化人工鱼礁建设规划，调整增值品种结构，注意追踪调查，掌握建设效果。对近岸海域的生态容量以及环境的承载力加以探究。大力传播多营养层级立体生态增养殖，重视海上生态设施建设，通过有关举措调整海域的生态环境，保护近岸渔业资源。打造深远海鱼类苗种繁育基地，培养新品种，同时还需要创新深远海智能网箱、深远海多功能平台、现代大型养殖工船等深远海装备，推进构建配套设备，例如，海上停机坪、海洋观监测、新能源利用等。

海洋牧场是海洋三大产业交融发展的范例，这一现代渔业综合体将科普文化、休闲垂钓、餐饮住宿、生产体验以及观光旅游密切关联在一起。重视休闲海钓,深度挖掘滨海旅游资源以及海洋渔业文化,打造具备个性色彩的海上旅游度假胜地,促使海洋牧场产品的开发利用不断深化。同时还需要注重水产品的精深加工,重视冷链物流领域的发展,打造现代海洋牧场产业集群,确保各个经营主体的协调发展以及各个区域牧场的协调发展。

在肯定山东省海洋牧场发展成绩的同时,也需要认识到山东省海洋牧场建设依旧包含水平低以及同质化的情形。发达国家垄断了先进技术、设备以及装备,对进口的依赖度较高。因此要继续在技术、装备的研发创新上下功夫,努力突破。

2. 增殖放流

增殖放流是通过人工方式在天然水域中投放渔业生物的卵子、幼体或成体。增加种群的数量,促使水域的群落结构趋于完善,从广义角度而言,能够调整水域的生态环境。向特定水域投放人工鱼礁以及孵卵器等设备保护野生种群繁殖,能够提高种群资源的数量。增殖放流对渔业资源的恢复、水域生态的修复以及生态系统的平稳有积极意义,对渔业发展的可持续性有积极意义,也能推进生态效益、经济效益和社会效益的实现。

进入新时代之后,工业化、城市化步伐越来越迅速,环境污染以及捕捞过度等导致海洋生态荒漠化的情形更加严峻,调整海域生态环境、建设海洋生态系统、保护渔业生物资源,是各个国家科学挖掘并运用海洋资源的战略举措。长时间以来,山东省借助涉海科研优势力量,用科技创新推动全省海洋渔业的长久发展。由于现如今水生生物资源逐步衰败,水域生态环境恶化更加严峻,水域荒漠化的情形也更加严重,在加强管控水生生物资源的过程中,还需要做好增殖放流。

山东省贯彻落实《中国水生生物资源养护行动纲要》《关于促进海洋渔业高质量发展的意见》等有关要求,依据目前山东省海洋生态环境现状、海洋渔业资源养护与修复需求,按照"十四五"水生生物增殖放流发展规划,完成了更加科学、高效的增殖流放任务。"十四五"期间,山东省近海公益性增殖放流总量达到 65.4 亿单位，增设海水放流点 300 个，重点筛选出增收型物种、水生生物资源种群修复等在内的六大类型，其中包括对虾、金乌贼、大叶藻等在内的 28 个物种。增殖流放效果得到显著提升。目前，山东省增殖放流工作进入快车道，无论是资金投入、增殖技术、规模以及效应等均领先于全国其他省份，起到了良好的带头示范作用。

增殖放流活动对生态恢复有着积极的意义。一是可以恢复已经衰退的水生生物资源，补充和恢复生物资源群体，优化鱼类的群落结构，保护生物多样性。二是优化水质以及水域的生态环境，保护水质、通过水生生物的碳汇作用起到减排的作用，为渔业和渔区经济发展的可持续性创造条件。三是直接增加捕捞渔民的收入，为百姓供给品质优良的水产品，拉动有关产业的发展，具备可观的投入产出比。参照山东省海水研究所的统计调查数据，威海海域虾蟹类增殖放流投入产出比是 1∶18，鱼类增殖放流投入产出比是 1∶21，海蜇类的增殖放流投入产出比是 1∶25。结合调研，每年渔业资源修复能够递增超过 2 亿元的收入。四是通过开展增殖放流活动，扩大了社会影响，提高了资源环境保护意识，产生良好的社会效益。

增值放流不是盲目的放生，需要结合当地的渔业资源结构科学的规划。增殖放流工作在开展前必须要有合理的规划，制定预期的目标。我国也制定了一些相应的法律规程，对于放流的品种、规格、时间等进行了规定。增殖放流工作还会涉及鱼种养殖发育等技术性问题，需要专业人士参与把握。增值放流投入资金多、苗种数量大、覆盖水域广，为保证确保鱼苗顺利融入增殖放流水域，放流鱼种健康成长，需营造保护渔业资源和生态环境的良好氛围，提高渔业执法的力度，对各种违背规定的捕捞活动做好打击和惩处，保证放流活动实现预期成效，健全鱼类资源增殖放流保障措施，建立增殖放流长效机制。

3. 海洋保护区与海洋公园

海洋与渔业资源保护区是指有关部门依照法律条例划分了禁渔区、休渔区以及禁渔期、休渔期，在鱼类或其他水生经济动植物繁殖及幼体生长的水域划分出相应的保护区，严禁捕捞或运用部分工具、部分手段捕捞，其目的就是保护渔业资源以及水生生态环境，和民众可持续利用的理念相符。全球生物多样性下降速度越来越快，对人类和生态造成可怕的潜在后果。海洋保护区是保护生物多样性的重要基础，设立保护区是保护海洋生物及其栖息地、缓解气候变化影响、重建渔业和维持重要生态服务的关键举措。

海洋与渔业保护区充分落实了科学发展观理念，对挖掘并保护区域内的海洋资源以及渔业资源有积极意义，还能推进当地经济社会科学发展，推动保护区和所在地演变为实践科学发展观的调研以及发展基地。在保护区内严禁所有破坏性的开发活动。同时，还会限制捕捞，降低水生生物意外死亡的概率，保证产卵个体的生物量以及密度，为水生生物的繁殖提供优良的环境，确保稀有濒危物种以及珍贵物种的繁衍和生存，推动渔业资源发展的可持续性。保护区管理机构必须重视日常的巡航以及日常执法，对保护区内非法捕捞以及排放污水、非法采挖以及围填海等情形进行打击，投放人工鱼礁（巢），重视增殖放流、人工移植，保护并恢复保护区的生态系统。

保护区适合科研监测。在保护区进行科研监测占据着优势，尤其是在生态结构优化以及自然生态演变、珍稀水生生物研究方面占据有利位置；除此之外，对比保护区和人类开发利用导致变化的区域，公正、科学对人类行为影响自然的状况组织调研和评估，确保有效践行"在保护中开发、在开发中保护"。保护区可以积极传播海洋意识，是青少年了解海洋和生物科普理论的重要场所，也是向社会传播海洋意识的最优场地。

海洋保护区大型化已成为国际发展趋势，2030 年之前将至少30％的海洋建成保护区已成为国际共识。在这一大背景下，我国未来十年可能需要新建各类海洋保护区 70 余万千米^2。按照中央要求，应尽快建立起同海洋强国战略部署和"一带一路"倡议相匹配，与《生物多样性公约》和《联合国气候变化框架公约》等国际责任相协调，同构建海洋命运共同体和积极发展蓝色伙伴关系相适应，具有中国特色的一体化国家自然保护地战略体系和管控能力。

为此，须做好顶层设计和战略层面筹划，基于自然地理格局和区域海洋生态分布特征，科学合理确定海洋国家公园的布局和规模，统筹规划，建立完善海洋类型国家公园管理体制和运营机制。目前，山东省海洋保护区无论从建成规模、有效保护和管理水平，还是在制度建设方面都存在较大差距，迫切需要健全海洋保护区政策和制度框架，完善治理结构，尽快启动海洋类型国家公园建设，推动海洋保护区制度体系变革和建设。

海洋生态建设的开展，无论是增殖放流、设立海洋保护区，还是开发海洋牧场，都需要长期大量的投入。需要建立恰当的机制，吸引社会各界特别是企事业单位的参与，让海洋渔业生态保护成为企业争相参与的活动，构建水生生物资源保护长效机制，政府发挥主导功效，各个部门相互配合，社会各界共同参与。

6.2.2 大力发展海洋生物育种，抢占水产种业高地

在水产行业链条中，水产种业处于最上游，对于整个行业发展具有决定性作用，是水产养殖业高质量发展的"芯片"，也是我国"蓝色粮仓"的关键。发展海洋生物育种是山东省建设海洋强省的关键，也是实现山东省海洋经济结构调整和增长方式转变的主要支撑点。

水产发展，种业为先。近年，山东省着力培育水产种业龙头企业，集"育、繁、推"为一体，打造水产联合育种基地，充分运用水产种业企业在保护、存储、选育原本品种，研发新品种方面发挥功效，利用市场配置资源作用，支持优势水产种业企业发展。山东省加大水产种业政策资金扶持力度，推动水产种质资源保护与开发利用、新品种选育、品种试验示范，水产原良种场及繁育基地建设、种质监测鉴定、潜力水产品种储备等工作，为建设"海上粮仓"提供有效保障。先后引领了海带、对虾、扇贝、海水鱼、刺参五次海水养殖浪潮，推动水产发展，实现水产"养殖高于捕捞""海水超过淡水"两大历史性突破。多年的不懈发展，山东省水产种业初步形成了以科研单位为支撑、以原良种场为主体、以规模化

育苗场为拓展的发展体系。

受到"国字号"高校院所影响，如中国科学院海洋研究所、中国水产科学研究院、中国水产科学研究院黄海水产研究所、中国海洋大学等，青岛市逐渐成为藻、虾、贝、鱼、参海水养殖浪潮主导品种研发地。在国家认定的水产新品种中，超过四分之一来自青岛市。

青岛市发展海洋种业具有人才和技术优势，但近些年青岛市水产育种的发展力度相对不足。原因有二：一是青岛市水产种业缺乏具有竞争力的种业龙头企业。二是把水产种业与水产养殖业联系得太密切，认为成果难以在本地转化，且存在效益低、影响海洋环境等问题，一定程度上弱化了种业发展。

为促进海洋育种产业的发展，青岛市提出支持海洋经济高质量发展15条政策，推动水产种业发展，大力培植创新型、领军型水产种业龙头企业，为青岛市水产种业链条式、产业化发展提供强大动力。以"总部经济"的思路，围绕刺参、牡蛎、南美白对虾、三文鱼等重点养殖品种，开展关键共性技术、核心应用技术、战略前瞻技术等重大技术攻关，打造全国水产种质研发创制高地和水产种业产业化应用基地。

借鉴其他海洋大省的经验，发展海洋育种产业必须充分利用政府的引导功效，强化种业发展的顶层部署，编制合适的目标以及发展部署，获取配套政策，筹集需求的资金，帮扶水产种业的发展。政府在对沿海、近海区域规划时，要给海水种苗和养殖业留出生存发展空间。创新水产苗种市场监管技术，健全苗种生产企业的质量安全管理制度以及生产安全管理制度，保护新品种的知识产权，打造市场化利益反馈机制。大力宣传相关单位以及企业种质创新和运用。积极推动海洋育种的金融保险服务，扶持高投入、高风险的海洋种业发展。

打造海洋生物育种创新平台。针对重要的养殖类型，需要确保水产活体种质资源保存库的稳健发展。打造中叶工程技术中心和遗传育种中心，培育水产种植资源遗传评价中心和经济性状测试基地。海洋牧场以及海洋保护区，有助于打造水产良种研发生产创新体系。对关键水产物种需要做好培育。重视跨部门以及跨区域合作，同时还需要做好产学研联合发展。打造水产养殖种业相关数据资源共享平台，研发产业化技术。

创新海洋生物育种理论，借助高科技技术和设备，推动海洋育种理论研究，创新育种技术以及育种理论，打造种质资源评价技术以及存储技术体系。建设水产育种共性重要技术。探究重要水产养殖动物以及藻类的基因组信息。利用传统育种技术和现代育种技术合理的培育品种，解决基因组编制以及分子设计育种方面的技术困境，梳理相关资源，构建育种信息平台以及数据库，推进现代育种技术的发展。

健全商业化育种机制，培育并宣传海洋生物新品种。针对区域性主养品种，研发"一品种一种业"的技术工艺，参照市场需求探究重要海洋养殖生物全基因组、功能基因组，重视种质资源的存储以及创新，借助核心技术，例如，全基因组选择、群体选育、分子设计、家系选育、细胞工程育种和基因组编辑等，培养出抗病、高产、优质、抗逆海水鱼、贝、虾、藻等突破性新品种，满足各个养殖环境需求，支持龙头企业参与水产种业的研发以及宣传，完善商业化育种机制，加快商业化育种步伐，提升育种覆盖率。

第7章 DIQIZHANG
山东省海洋第二产业的创新发展

海洋第二产业包括海洋药物工业、水产品加工业、海洋空间利用、海洋矿产业、海洋装备制造业、海洋化工业、海洋能、电力业和工程建筑业等。

山东省海洋产业产值中，第二产业和第三产业占据主导，第一产业所占比例相对较小，2014 年以后，第三产业产值超过第二产业，但是二者没有显著差别。最近几年，山东省海洋经济发展迅猛，产业结构持续优化升级，第二产业和第三产业发展迅速。

"十三五"之后，山东省始终贯彻陆海统筹，合理推动开发海洋资源，打造优良的现代海洋产业体系，海洋经济综合实力不断提升。截至 2019 年末，山东省许多海洋产业规模在全国排名第一，例如，海洋盐业、海洋渔业、海洋生物医药产业、海洋电力业、海洋交通运输业。

山东省重视高端海工装备制造业的发展，构建了三大海洋制造业基地，分别是海洋重工、船舶修造、海洋石油装备制造，集中力量研发关键技术，促使海洋核心装备国产化，帮扶建设"梦想号"大洋钻探船等设备，运用了具备自主知识产权的深海远海装备，例如，向阳红 01、"蛟龙"号、科学号以及海龙、潜龙等，提高了海洋开发的深度和广度。建设第七代超深水钻井平台等重要装备制造工程，中集来福士研发制造了超深水半潜式钻井平台——"蓝鲸 1 号""蓝鲸 2 号"，承担南海可燃冰试采作业。

山东省集中力量应对海洋创新药物研发中面对的难题，构建了

"中国蓝色药库开发基金"，规模高达 50 亿元，建立了山东省海洋药物制造业创新中心。"蓝色药库"构建了 6 个产品研发平台，现代海洋中药、现代海洋药物等都包含在内。管华诗院士团队自主研发的国产治疗阿尔茨海默病新药 GV971 获批上市；"蓝色药库"重点新药项目抗肿瘤药物 BG136 即将进行临床申报。青岛市打造的海藻生物制品产业基地规模庞大，在全球排名第一，海藻酸盐产能在全球也排在第一位。正大海尔制药是我国仅有的国家级海洋药物中试基地；烟台东诚药业主要生产硫酸软骨素原料，其规模在全球是最大的，也是我国仅有的供给注射剂硫酸软骨素的厂商。

2020 年山东省海洋产业关键技术不断取得新突破，科技赋能促进海洋经济转型升级；全省海洋风力发电量 178.96 亿千瓦时，建成海水淡化工程项目 39 个，日产能达 37.14 万吨，绿色转型发展成效显著提升。

7.1 山东省海洋第二产业发展面临的问题

7.1.1 资源依赖型产业发展后劲不足

作为海洋资源大省，山东省资源开发型海洋产业在海洋经济中所占比重过高。分析海洋产业，山东省海洋捕捞以及海水养殖的产量在全国占比分别是 1/5、1/4，海盐产量、海洋矿业产量在全国占比 70%、20%，在全国的排名都是第一。除此之外，山东省各种海洋化工业中，盐化工规模排在首位，主要是因为海盐生产在成本以及规模方面占据着有利位置，是海洋盐业的产业链延长。海洋水产品加工业相对发达，为海洋生物医药业发展创造了条件。和其他沿海省份比较，在海洋经济中，山东省传统的资源开发型产业所占的比重更高，而且在发展海洋经济过程中发挥着重要作用，展示了山东省海洋经济的特点，也是当地建设海洋强省过程中格外关注的一点。

山东半岛蓝色经济区审批长达数年，但是其发展并未脱离资源消耗型的产业格局，绝大多数海洋产业过度依赖资源，破坏了环境，和发达国家的海洋产业发展比较，存在很大差距，产业格局相对滞后。山东省海洋第二产业的主导产业过度依赖海洋资源，多分布于沿海重点城市，导致沿海整体环境资源的压力相对较大。随着海洋资源的消耗，这些产业的发展受到了制约，主要海洋资源开发的增速有所下降。

最近几年，山东省海盐产量不断下滑，生产面积也持续削减，海盐主要是为了确保当地人的食用。海盐生产面临的外部环境压力越来越大，一方面是盐田面积呈现逐步缩小趋势。开发区占地，致使盐场原有的海盐生产工艺布局需要大规模地调整改进。莱州湾一带的浅层地下卤水的过度开采，也是海盐生产面临的大问题。由于过度开采导致浅层地下卤水的浓度改变，迫使采掘深度加深，对海盐企业的生产产生了影响（图 7-1）。

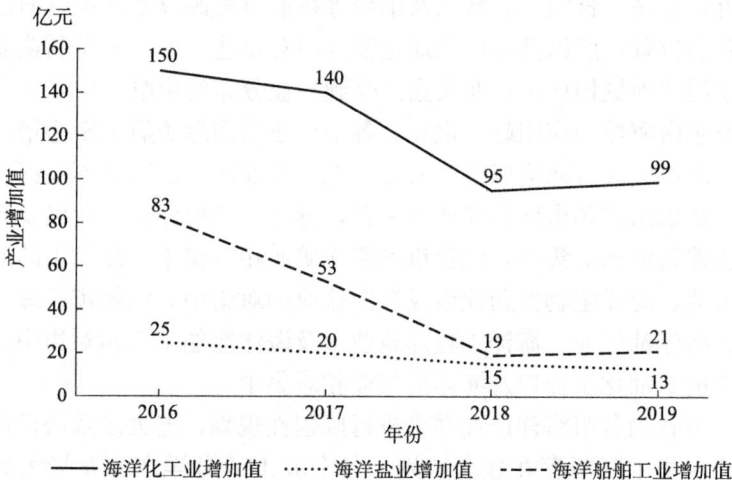

图 7-1　2016—2019 年山东省部分海洋产业增加值

山东省海洋产业由于技术等原因，在海洋资源利用和开发过程中主要选取的是沿海地带，这些地区资源禀赋占据优势，工业基础强大，开发耗用的成本低廉，过度开发优势资源，引发了资源枯竭的情形，但是开发困难，对技术要求较高的大片海域一直未得到有效的开发，很多传统海洋产业也没有充分运用海洋资源，出现了浪费资源的情形。

7.1.2 省内海洋产业同质化竞争

海洋资源的分布状况会影响海洋产业的空间布局。主要海洋产业聚集在近岸海域附近。海洋捕捞业以及海洋交通运输并非如此。在部分海洋产业聚集区，尤其是大城市周边浅海以及半封闭的海湾，产业竞争性用海争端十分严峻。所以出现了许多环境、资源以及生态问题。海洋经济发展存在显著的空间制约。海洋渔业主要遍布在胶东半岛的日照、青岛、烟台、威海等城市，油气业主要遍布在东营，并向四周扩散，海洋盐业和盐化工产业主要遍布在莱州湾沿岸，石油化工业居于"东营—淄博—潍坊—青岛（黄岛）"轴线附近；青岛、日照、威海以及烟台等在港口资源以及区位方面占据着有利位置，所以其海洋交通运输业相对发达；海洋装备制造业在大港周边地域构成了产业聚集。受到产业分布的影响，山东省东北以及东南海域的应用趋于饱和。各个产业的用海矛盾不断递增，但是西北部的浅海滩涂以及滨海盐碱地的开发运用还需要不断深化。

从山东省各市区海洋产业来看，青岛市的海洋化工业以及海洋工程建筑业相对集中，烟台市的海洋矿业相对集中，潍坊市的海洋电力业、海洋生物医药业以及海洋盐业相对集中，滨州市的海洋矿业、海洋油气业、海洋工程建筑业以及海洋船舶工业相对集中，东营市的石油化工业以及海洋油气业相对集中。

但省内各市海洋产业并未进行区别性规划，绝大多数海洋产业的相对集中度不存在显著差别。各个城市的海洋产业布局大致相同，海洋产业的建设带有重复性的色彩，从临海经济区建设的角度出发，在沿海城市构建了滨海经济区以及滨海开发区，例如，滨州、威海、青岛、烟台、日照以及潍坊等地。这些地区十分注重临港产业的发展，主要包括新能源、物流、海洋化工以及装备制造等产业，海洋经济区域竞争更加激烈，并且区域海洋经济出现了产能过剩以及同质化的风险。探究以上状况发生的原因，一方面是顶层设计存在问题，并未站在整体视角上明确各个城市理应着重发展的产业。另一方面，各个城市的海洋经济运转以及海洋经济建设缺乏互动和交流，优势没有得到有效发挥，因此，全省需要加强统筹管理，构建海洋资源开发分工体系，促使海洋资源的开发效率以及获取的收益不断提升。

山东省海洋产业的发展应积极推动优势海洋产业的集群，拉动相关产业的发展，在各个地区确保海洋产业的错位发展，规避竞争出现同构化的情形。构建海洋产业集群的有利条件，确保技术研发以及技术关联，政府需要编制相应的帮扶举措，规避产业集聚出现拥挤。

7.1.3 海洋高新技术产业发展不足

最近几年，山东省的新兴海洋产业发展势头十分强劲，但是这些产业所占的比例相对稀少，传统海洋产业依旧占据主导，和现代化的需求还存在很大距离，需要不断调整改良。

山东省的海洋科技有着较强的实力，但是并未构成向产业优势转化的相关机制，科学技术成果转化为生产力还存在很大的限制。以下是详细体现：全省在重大海洋科技领域的水平不及全国以及世界领先水平。不仅如此，海洋产业的结构调整以及新兴产业的培育缺乏有效的技术体系支撑。

分析其原因主要包括三点：一是海洋的科研力量相对分散，在成果转化、研究推动以及项目设置等层面缺少凝聚力量，基础研究成果相对较多，但是缺少应用性成果。核心研发设计能力不足，基础共性技术研究不够系统深入，仍以跟随模仿为主，高性能关键零部件或系统依赖进口；省内创新资源分散，协同创新能力不足，产学研用合作互通机制仍不完善；新技术、新材料、新产品产业化应用滞后。

海洋科技力量产业的分布不够均衡，生物研发有着较强的实力，但是海工装备、海洋新能源、海水淡化等新兴产业科研力量还有一定的缺陷。科研机构不能够敏锐地洞察市场需求，企业的研发能力不足，市场机制在产业化以及科研方面发挥的功效存在限制，产业化阶段资金不足，缺少有效的商业化模式和融资机制。

二是缺少核心技术和拳头产品。与江苏、上海等省市相比，高附加值船型较少，缺乏大型集装箱运输船、大型气体运输船等高端船型建造能力；配套产业规模小、产品种类少，关键配套设备与国内外先进水平差距较大。高端船型设计能力不强，生产制造数字化水平较低，分段总组率不高；设计、制造与生产管理一体化水平较低，全生命周期管理能力薄弱。

三是产业链衔接不畅，高端人才短缺。省内缺少畅通的产业链上下游协同配套机制，总装建造企业与材料、零部件以及配套企业和航运公司等船东、港口企业衔接不够。山东省整体行业吸引力不强，掌握关键技术的海洋专业人员流失严重，战略型、复合型工程人才缺乏，招工难、用工贵、留人难的问题突出。

7.2　山东省海洋第二产业创新路径

7.2.1　打破资源依赖，确立可持续发展的主导产业

山东省目前海洋传统产业比重较大，新兴产业和高新技术产业等第二产业成长速度缓慢，第三产业发展不足，传统的滨海旅游业、海洋渔业、海洋盐业、盐化工业、港口行业、海洋交通运输业等海洋产业占据主体地位。新兴产业的规模相对较小，例如，海洋矿砂开采业、海洋工程建筑产业、海洋船舶业、海洋油气业等。在海洋生产总值中高新技术海洋产业占比不高，例如，海上风力发电以及生物医药业、深海产业以及海水利用业等。结合上述调研，我们能够知道，山东省海洋产业结构的层次相对降低，对资源的依赖较大，产业发展缺少动力源泉，所以需要推进传统优势产业的优化和变革，确保海洋产业发展的可持续性。

资源承载力指的是在目前的利用强度之下，借助当地所拥有的

资源储量以及科学技术和智力等，在确保社会经济顺畅发展的基础上，资源可以维持当前物质生活水平的数量。在开发资源环境的过程中，自然资源的有限性以及不可再生性阻碍着经济的发展。

传统经济发展过程中，民众过度的关注经济的高速增长。开发运用资源过度，造成环境恶化，资源枯竭。引发了许多自然灾害，对民众的生活造成了消极影响。伴随经济的发展和生活水平的提高，人们逐渐改变了只关注经济发展的模式，开始关注资源环境的问题，投入了高昂的费用治理并修复环境。但是部分环境损伤以后不能修复，所以人们不能继续以往粗放的开发方式。

回顾发达国家发展的历史经验和历史教训，先破坏后保护的发展思路是不可取的，在产业发展的同时应注意生态环境的保护。从长远的利益出发，经济增长的同时要对资源环境进行修护和保护，要实现环境友好的发展。在海洋主导产业的选择和主导产业的发展进程中需要关注环境的制约功效，从可持续视角着手选取主导产业，确保海洋经济发展的可持续性。

海洋主导产业是一个国家或地区的海洋经济中可以有效挖掘利用的海洋资源，可以有效梳理海洋资源以及海洋环境，充分利用资源以及环境的游离态，提升综合实力以及发展势头，在海洋经济中产值占比必须持续递增，提升专业化水平以及技术进步率，为海洋经济发展中的海洋产业发展提供指引。

海洋主导产业代表的是区域经济。其产业机构展示的是区域经济的发展走向，产业特点包含区域主导产业以及海洋产业的特征，所以通常来说包含的特征如下。

首先，在当地海洋经济发展过程中海洋主导产业占据着核心，对当地海洋经济的发展有一定的引导功效。与此同时，海洋主导产业在发展的过程中还能够拉动其他相关产业的发展，对缓和经济增长对资源环境造成的压力，推动环境友好型经济发展有积极意义。拉动整个区域海洋经济的全方位发展，促使经济效率以及科技水平不断提高，推动当地向好发展。

其次，海洋主导产业可以引进并运用最前沿的科学技术，所以可以从技术层面帮扶当地的技术创新，对区域海洋经济的稳健发展有积极意义。利用技术的更新和进步，拉动区域经济的技术发展，帮扶相关产业，提高区域经济技术水平，对区域经济的稳健发展有一定的保障功效。

不仅如此，海洋产业是区域经济日后产业结构调整的主要走向，发展潜力巨大，可以指引产业结构的变革和升级，对区域经济日后的发展走向有一定的引导共享。在自己发展的进程中，海洋主导产业占据着有利位置，在日后产业占据主导位置，对区域的发展和进步有一定的引领作用。

地区经济发展的关键就是主导产业，所以在选取主导产业方面，需要关注当地相关资源的有效利用，推动当地经济发展。一般来说，主导产业技术发展的速度相对较快，可以充分运用有限的资源获取高额的经济效益，只有如此，才能够推动经济发展的可持续性，维持当地经济发展的速度。

各个产业的发展都必须以一定的资源作为发展的条件，主导产业的出现离不开资源条件，资源禀赋会严重作用于主导产业的取舍，产业发展需求的资源主要是广义上的生产要素，例如，资本、劳动以及土地，狭义上的自然资源。

以往，山东省海洋产业发展主要依赖于自然资源，如海洋矿物资源、海水化学资源、海洋生物资源和海洋动力资源等。2011—2016 年，山东省海洋资源开发产业在海洋经济增长中所占的贡献占比 13.9％，和浙江省、福建省、广东省比较，贡献率更高，三者的贡献率分别是 5.1％、9.7％、6.1％，国家平均水平为 6.6％。船舶与海工装备、海洋服务业等产业对比全国先进沿海地区，还有很大距离。这也表征着山东省现如今的海洋产业依旧为资源依赖型，海洋新兴产业发展迟缓，海洋产业机构改善面临很大的困难。资源依赖性产业在资源减少时就会遇到发展瓶颈，因此需要早规划、早布局，培育不依赖于海洋自然资源的新兴产业，努力发展海洋生物制药、船舶装备制造等海洋产业，创新技术对山东省海洋经济发展的持续性有推动功效，保证其高质量发展，建设新时代现代化强省建设新格局。如海洋油气资源开发逐步向深水、超深水迈进，深水勘探将成为未来油气开发的主战场。这就需要加大深海油气装备的研发与制造，整合海上石油装备的研究和制造力量，建立国家级重点实验室，培养专业的海洋油气装备研发机构和制造商。重点突破海上深水地球物理勘探和测井仪器装备、耐高压低温材料、深水平台、FPSO、深水井口、深水管道阀具、深水通信电缆、深水机器人和油气水处理系统等技术。

山东省已颁布了《山东省船舶与海洋工程装备产业发展"十四五"规划》，明确了船舶与海洋工程装备产业作为山东省海洋产业体系的新兴战略产业，集中力量构建山东半岛高端船舶和海洋工程装备产业聚集区，把山东省建设成为我国环渤海地区船舶工业的重要支撑、全球领先的海洋工程装备研发制造基地。

在海洋生物制药方面，山东省已经构建了全国首个海洋医药生物资源基础库，形成了八大核心技术体系，实现了约 3.1 万个海洋天然产物的准确三维结构等重要数据，面向全球开放共享。不断加强政策、平台、人才、生物医药以及技术产业集群规划，推进海洋生物医药的发展和进步，打造海洋生物医药产业领域的新技术、新产品、新模式和新业态。

在新旧动能转化中，山东省意识到资源依赖产业的生命周期，花大力气培育海洋新型产业，主动对海洋主导产业进行结构性调整，是对新时代和新环境做出的积极反应。

7.2.2　区域联动，协同发展

打破区市地域隔阂，完善"链长制"工作机制，进一步打造产业链共同体，加快产业链上下游融通发展。围绕产业链部署创新链，推进创新资源整合和要素合理配置，攻克一批关键技术和"卡脖子"技术装备，提升产业链供应链现代化水平。支持龙头企业做大做强，完善大中小企业协同发展机制，发挥总装建造带动作用，推动配套产业向高端攀升。完善"链主"企业牵头会商、联盟单位合作交流、产学研协同推进等工作机制，共同会商提出产业链合作项目、确定重点攻关产品（技术）清单、共建产业链服务体系。依托产业链共同体和"链长制"，进一步提升"链主"企业的带动力和竞争力，拓展整合产业链上下游资源，形成各区市政府合作引导，大中小企业相互协作，用户单位、总装单位、配套单位协调联动，高校、科研院所、创新平台、行业协会紧密协同的良好产业生态。

如在推进山东省高端船舶与海洋工程装备产业聚集过程中，坚持全省统筹、海陆联动，充分发挥青岛、烟台、威海三市在总装建造、产业配套、协同创新、示范应用等方面的核心引领作用，着力增强济南、淄博、东营、潍坊、济宁、泰安、日照、德州、聊城、滨州等市的配套支撑作用，加强区域互动交流，推进区域协同联动，避免同质竞争和重复布局。

7.2.3 建平台、引人才，开展关键技术攻关

伴随经济全球化以及创新国际化步伐的加快，山东省海洋人才以及科研力量集聚地位被沿海地区以及全球范围竞争所影响。站在国际视角上，海洋是现如今全球竞争的关键，发达沿海国家颁布了许多海洋战略以及举措，提高海洋开发的力度，强化海洋人才争夺。最近几年我国经济以及科研环境不断优化，对人才的吸引力不断提高，优秀海归人才不断递增。沿海地区的海洋人才竞争更加严峻，各个沿海地区开始提高投入，推进海洋科研教育的发展，强化创新载体构建，集中力量筑巢引凤，引进优质海洋人才。山东省以往的人才环境优势不断下滑，优秀海洋人才引进困难，外流的情形更加严峻。

海洋强省建设的重点是人才，打造勇于创新、不断奋斗的海洋人才团队，有助于从根源上确保海洋强省的建设。山东省是国家海洋科技创新中心，在全国海洋高质量发展过程中发挥着关键的支撑功效。所以，需要参照国家需求以及区域需求，把握国家海洋战略以及区域重点发展的海洋产业，海洋生态文明建设，创建完备的海洋人才体系，确保海洋科技人才占据核心位置，人才体系主要涉及

技能人才、管理人才、教育人才，不断健全海洋人才载体建设，调整海洋人才发展环境，提高人才投入的水平，提高海洋人才在我国发展的满足感以及获得感。培养海洋创新团队，激励产学研、军民融合协作创新网络的发展，落实海洋基础研究以及技术装备研发等重大重点项目，冲破海洋领域的科技难题，巩固在全国海洋科技领域山东省的领先位置。建立因地制宜、因才制宜的激励机制，加大蓝色人才吸引力度。在引进国内外领军人才、顶尖团队，打造人才集聚高地的同时。认识到吸引人才的紧迫性，推出有吸引力度的人才政策，扭转地域性人才流失的局面。同时，推动高技能人才与专业技术人才职业发展通道贯通，提高技能人才待遇。

围绕海洋产业发展需要，加强山东省普通高校相关特色学院、学科专业建设；鼓励开展多种形式的职业培训，支持开展职业技能等级认定，发挥省新旧动能转换公共实训基地作用，培养创新型、复合型、应用型人才。面向国家重大战略需求，依托国家和省有关重大专项，攻克一批船舶与海洋工程装备领域"卡脖子"产品和关键核心技术。统筹基础研究、前沿技术和工程技术研发，推进科技成果转化与产业转型升级需求衔接，促进全产业链整体跃升。推动国家和省实验室、科研机构、产业创新平台等创新载体加快发展，积极争创各类国家级创新平台。发挥好海洋装备领域原创技术策源地和引领带动作用，强化行业关键共性技术攻关，培育一批重大创新成果。

重视企业的创新和科技带动作用，大力引进海洋产业先进企业，开展与其他地区企业的合作和引智工作。做好科研平台和应用企业的合作对接，建立灵活的成果转化机制，整合创新资源，激发创新主体活力。充分发挥企业创新主体作用，进一步健全产学研用协同创新机制，支持高校院所与企业共建创新平台，例如，行业技术创新中心、联合实验室、协同创新中心、创业创新共同体等，整合创新资源，构建协同攻关、深度融合的运行管理模式，加快相关技术攻关，促进科技成果转化、推进新技术新产品的应用。

7.2.4　重视海洋工程装备的研发制造摆脱技术制约

全球贸易和产业分工格局深刻调整，船舶与海洋工程装备领域中日韩三足鼎立、竞争加剧态势明显；当前山东省海洋船舶工业在关键的技术方面还是严重依赖国外，并没有自己的创新。欧美掌握研发、设计和关键配套装备核心技术，产业链"卡脖子"风险上升，供应链安全问题凸显；国际海事组织安全环保新标准新规范不断推出，能源低碳转型趋势明显，产品更新换代步伐加快。同时，全球经济复苏，航运市场恢复，新船订单增长，集装箱船、液化天然气船、浮式生产储卸油装置需求强劲，为产业发展带来新机遇。

要充分意识到船舶与海洋工程装备产业在海洋产业中发挥的功效，提升其国产化比重，充分发挥山东省海洋资源优势、科技人才优势、制造业基础优势、努力推动设计创新、技术创新、产品创新、管理创新，着力攻克一批满足国家战略需求的"国之重器"和"卡脖子"技术装备。

围绕海洋强省建设部署要求和山东省基础优势，瞄准高技术、高可靠性、高附加值船舶，进一步提升船型开发、设计与建造能力；紧扣国家深海、极地等重大战略需求和山东省海洋能源发展布局，推动钻采、处理等新技术、新装备的研发生产。围绕我国海洋经济发展新趋势和海洋资源开发新模式对海洋工程装备的新需求，积极开展新型海洋工程装备前沿性技术开发研究。瞄准国家维护海洋权益重大需求和山东省"智慧海洋"建设部署，加强新型海洋核心传感器、水下无人航行器、智能水下机器人等器件与装备研制，推进工程示范应用。全面推进船用动力、甲板机械、舱室、电力电气、通信导航等船用系统装备研发。

在船舶与海洋工程装备市场竞争过程中，大企业集团占据着有利位置。山东省船舶制造企业普遍规模较小，难以承受市场环境的动荡。要敢于打破地域分割和体制障碍，联合重组，发展大型船舶工业集团，逐步淘汰过剩、低端和无效产能，使山东省船舶制造业逐渐变成利益共同体，提高船舶制造标准向国际化接轨。加快新型船舶制造设备的研制和开发，提高产品关键部件开发能力。使船舶制造设计向智能化、绿色化、集成化方向发展。积极发展船舶配套业，加快配套设备的生产和发展，延长价值链，促进产业集群的发展。青岛、烟台、威海等地区依靠原有船舶制造企业发展更高端的船舶产品制造，以适应经略海洋和海洋强国的要求。

通过船舶与海洋工程装备业的发展，为海洋其他产业提高技术支持，提高核心竞争力，充分挖掘国内市场的同时勇于参与国际市场的竞争，创建国内大循环为主体、国内国际双循环相互促进的发展格局，培育新的增长点，优化产品和业务结构，增强企业内生动力，降低外部市场环境带来的冲击。

▶▶▶

山东省海洋第三产业的创新发展

海洋第三产业是为海洋开发、生产、流通和生活提供社会化服务的部门，主要有交通运输业、滨海旅游业和服务业等。

2019 年，山东省海洋生产总值高达 1.46 万亿元，在全国排在第二位，同比增长 9％，在全省生产总值中占比持续上涨，2015 年该比例为 19.7％。截至 2019 年，该比重提升至 20.5％，在全国海洋生产总值中占比 16.3％。一二三产业比重分别为 4.2∶38.7∶57.1，海洋第三产业占整个山东省海洋经济一半以上的比例，成为山东省海洋经济新的增长极。与同期全国相比，山东省海洋第三产业比重还有待提升（图 8-1）。

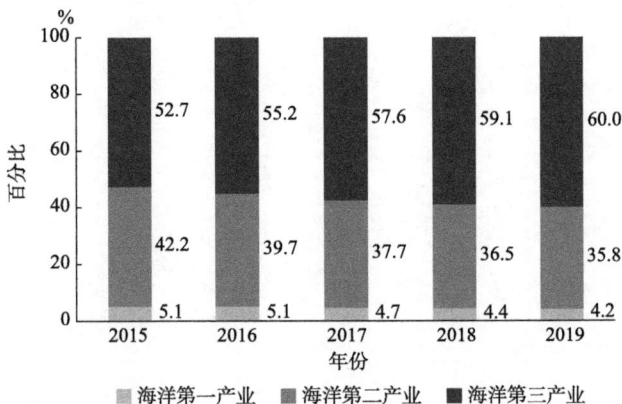

图 8-1 2015—2019 年海洋一二三产业增加值占海洋生产总值比重

数据来源：《2019 年中国海洋经济统计公报》。

2020年山东省海洋交通运输业的增加值高达1140亿元，同比增长4.8%，产业规模在全国排名第一，全省沿海港口的吞吐量总计16.9亿吨，同比增长4.9%；集装箱吞吐量以及外贸吞吐量分别是3191万标箱，9.3亿吨，同比增长分别为6.0%、5.0%。

目前，山东省港口构建了沿海港口群发展格局，主要港口包括青岛、烟台、日照、威海、潍坊、东营、滨州等，连通全球180多个国家和地区的700多个港口，在沿海省份中综合实力居于领先位置。

2019年，山东省沿海港口货物和集装箱吞吐量分别是16.1亿吨、3100万标箱，在沿海省份中吞吐量总量排在第二位。

山东省港口青岛港2020年的货物吞吐量总计6.05亿吨，同比增长4.7%，在全球排在第五名，超过了新加坡港；集装箱吞吐量总计2201万标箱，同比增长4.7%，在全球排在第六位，超过釜山港，在东北亚排在首位。山东省港口2020年增加了35条集装箱航线，其中有18条是外贸航线，航线数量以及密度等在我国北方港口中都排在第一位。自主创新冲破了行业技术限制，十项技术在全世界排在第一名，七次打破了世界纪录，掌握了核心重要技术。青岛港优先完成了卸船机自动化流程，建设了世界第一个集装箱智能空轨集疏运系统；在日照港，构建了全球第一个顺岸开放式全自动化集装箱码头；在东营港，启动了全球第一台自动化门机。

2021年，山东省港口货物吞吐量总计超过17.5亿吨，集装箱吞吐量高于3400万标准集装箱，同比增长5.8%和8.1%，分列全球第1和第3位，海铁联运位居中国沿海港口首位，港口服务能级实现历史性跨越。海向航线布局方面，2021年以后，山东省港口开通了八条外贸航线，连通东南亚、印度以及韩国等地。这次开通的新航线是海洋网联船务在山东省港口建立的首条东南亚航线，一周一班，青岛港是航线的首挂港，也是北方唯一一停靠港，和东南亚港口挂靠，例如，林查班、胡志明和马尼拉等，弥补了山东省港口东南亚航线的不足，优化了海洋网联船务以及THE联盟在青岛港远近洋航线配置，提升了山东省港口"一带一路"优势以及

RCEP 优势、航线组群密度，覆盖"一带一路"沿线国家市场，鼓励山东省港口打造国际领先物流枢纽港。

2021 年山东省港口共有外贸航线 221 条，其中 RCEP 区域航线 113 条，航线数量和密度均超过上海港、宁波舟山港和天津港，位居中国北方港口第 1 位，基本完成对 RCEP 国家主要港口全覆盖（表 8-1）。通过周班稳定运营模式，RCEP 航线 2021 年全年完成重箱吞吐量超 460 万 TEU，海向通达优势明显。陆路连通方面，山东省港口不断优化欧亚班列、日韩陆海铁快线、上合快线，打通"日韩—山东港—中亚"全程物流供应链模式，海铁联运多年来一直保持中国沿海港口首位，2021 年完成海铁联运 256 万 TEU，同比增长 22%，陆海联动成果卓著。此外，山东省港口进一步发挥集群优势，畅通物流通道，加密日韩货运班轮航线，深化威海—仁川"四港联动"，构建中日韩"海上高速公路"体系，提高"齐鲁号"欧亚班列运行效率，陆海空铁联动，巩固面向日韩的国际贸易与物流黄金通道。

表 8-1　2021 年我国主要港口 RCEP 集装箱航线分布情况

单位：条

航线情况	山东省港口	上海港	舟山港	天津港
外贸航线合计	221	233	236	136
RCEP 区域	113	112	81	40
日本线	34	32	9	11
韩国线	28	16	16	18
东盟线	47	53	48	18
大洋洲线	4	11	8	0

数据来源：毕成成：《RCEP 生效对山东港口发展的影响与应对策略》，《中国港口》，2022 年第 6 期，第 1-7 页。

山东省港口充分意识到，新发展格局的打造并不是封锁的国内单循环，而是国内国际双循环相互促进，具有天然禀赋和相对优势的山东省港口共建"一带一路"中大有可为。因此，山东省港口构建以后，在国家战略部署中引进了港口一体化变革、转型高质量发展的逻辑原点，和国家战略相互作用，积极参与"一带一路"倡议以及新发展格局，在国家对外开放中居于领先位置。

山东省港口贯彻"东西双向互济，陆海内外联动"，集中力量建设"西连中亚欧洲，东接日韩亚太，南通东盟南亚，北达蒙俄大陆"的多式联运物流大通道，支持"一带一路"产业链供应链畅通、主动在海上增加航线、扩大舱容、拓宽中转。山东省港口和"一带一路"沿线港口的航线密度不断增加，国内航线和外贸航线的数量总计317条，数量和密度在我国北方排名第一，其中有87条航线直达"一带一路"沿线国家和地区，和国外构建友好港关系的港口总计37个，是联通"一带一路"的关键枢纽，构建了关联"海上丝绸之路"周边国家和地区的海上贸易航线网络，方便贸易往来。2020年，山东省港口总计实现了集装箱吞吐量3 147万标箱，青岛港集装箱的吞吐量第一超过釜山港，在全球排在第六位，在东北亚排在首位。

滨海旅游业也是山东省海洋第三产业的主要产业之一。3 300多千米绵长海岸线，近16万千米²海洋国土面积，占全国大陆海岸线的1/6的文化廊道，是山东省引以为傲的战略资源。近年，山东省高度重视海洋经济高质量发展，将海洋旅游列为重要板块，给予政策扶持，创新产品供给，聚焦市场前沿需求，取得阶段性成效。山东省立足优势，重视推动滨海旅游业发展，打造多元休闲业态，开发垂钓型游艇、海岛度假、海洋运动旅游、海洋文化旅游等新型旅游产品。

山东半岛的滨海旅游目的地存在多元性和连续性，日照、青岛、威海、烟台连成一道滨海旅游城市集群带。再加上东营、潍坊和滨州等城市的滨海资源，构成了滨海城市集群，包括城市型滨海、山地型滨海、湿地型滨海、河海交汇型滨海、滩涂型滨海。

滨海旅游业低碳环保，沿海国家滨海旅游行业发展势头十分强劲，山东省滨海旅游业同样如此，对当地海洋产业结构优化以及落实海洋经济强省战略有积极意义。山东省滨海有着多元的人文资源以及旅游自然资源，但是当地旅游资源的挖掘以及产业的发展还有很大的缺陷，资源利用效益较低，旅游产品缺少创新。山东省滨海旅游产业尚有很大的提升空间。

8.1 山东省第三产业发展面临的主要问题

8.1.1 海洋交通业存在的问题

1. 港口整合尚未完成，未形成协同效应

山东是沿海港口大省，2017 年山东省沿海港口货物吞吐量 16.1 亿吨，位居全国第 2 位。山东省拥有青岛港、日照港、烟台港三个超 4 亿吨大港，2018 年三港货物吞吐量分别为 5.4、4.4、4.4 亿吨，分别占全省吞吐量的 34％、27％、27％，占比之和为 88％，此外山东省还有潍坊港、威海港、东营港等中小型港口，所处位置十分分散，竞争带有同质化的特点，分工不够科学，我国其他沿海地区基本不存在"一地一港"的情形，但在山东省 30 多个沿海县（市、区）中设置的港口总计 20 多个。省内港口众多，使得部分港口存在资金投入不足、配套的交通基础设施不完善等问题，并导致山东省港口在货源及航线方面出现了激烈的竞争。

在国内整个港口行业进入成熟期、部分港口企业经营状况出现恶化、港口竞争更加激烈后，辽宁、江苏、福建等省份都步入了港口整合阶段。山东省也开始省级层面的港口整合，建立省级港口集团，开始对省内的港口资产进行梳理。

山东省港口作为受地区经济发展影响明显的腹地型港口，陆向除直接腹地山东省外，向西辐射到几乎整个沿黄流域，对中原经济带、关中平原经济带和兰西经济带形成有效连接，腹地经济结构以第一、第二产业为主。2021 年山东省港口集装箱国际中转比例远低于釜山港的 55.1％和上海港的 12.8％，腹地服务业短板对山东港口打造国际航运枢纽支撑不足。

2. 国际贸易服务水平有限

山东省对外贸易体量对比广东、江苏等省差距较大。山东省港

口集装箱岸线资源过于集中在青岛前湾港区，且基础设施配套服务能力趋近饱和，RCEP 生效后面对激增的区域快航和国际中转服务需求，山东省港口功能布局调整和综合能级提升空间受限。山东省港口在海洋运输市场竞争中面临国内港口群的竞争压力十分明显。随着海外业务的增加，在从生产资料贸易港口到生活资料贸易港口的扩展中，尤其是在时效要求较高的冷链运输、跨境电商、农副产品等快捷运输领域，山东省港口的服务水平不能满足多样化的贸易需求。此外，国际陆海新通道、中老跨境班列等新型运输服务对山东省港口深度服务东盟地区构成进一步冲击，山东省港口的航线网络、物流组织和综合服务质量均面临较大挑战。

国际贸易要求海洋企业提高服务水平，对贸易流程进行数字化改造。如 RCEP 规则下对每一类产品享受多少的税费优惠都有非常细致的规定，这就对企业仓储、运输和报关等流程提出了更高的要求，实现企业仓储运输等环节的全程数字化。

面对"海上丝绸之路"这一时代赋予的机遇，山东省应该加快世界一流港口的建设，利用现有资源，积极进行资源整合。提高港口的信息建设、运作效率、服务水平，增加航线、扩大舱容、开拓中转，推进装卸港的生机，转变为枢纽港、贸易港、金融港。

8.1.2 滨海旅游业存在的问题

1. 主要依赖自然资源，产业结构有待优化

山东省滨海地区的四季气候差异明显，山东省滨海旅游业呈现明显的淡、旺季。气候会影响户外旅游活动，特别是自然环境优美的地域，如果其气候寒冷，夏季海浴时间短，不可能发展为海浴胜地。滨海地区的温度以及湿度会影响旅游活动。山东半岛气候舒适指数的年内变动十分鲜明，最佳出行时间是在 6—9 月，7—8 月最高温较低，湿度较大，风速适宜，适宜出行，民众也十分注重山东省滨海旅游网络（图 8-2）。

分析 2014—2018 年威海、青岛、烟台、日照等旅游目的地每天网络关注度，根据月份相加得到每月日均值，编制季节性分布特

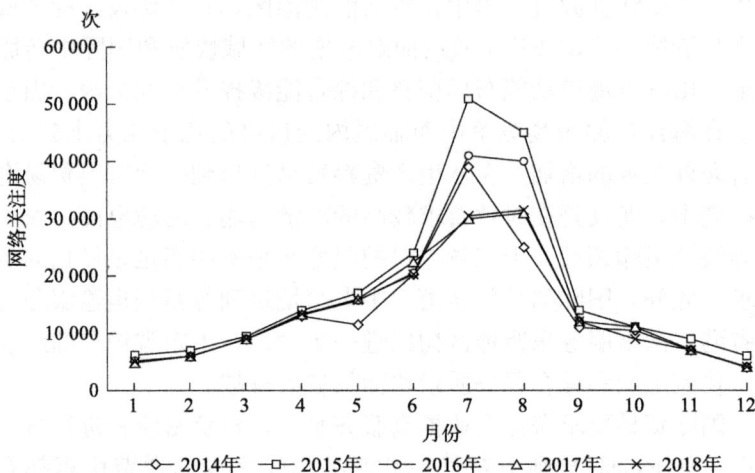

图 8-2　山东海洋旅游网络关注度

数据来源：石峰，兰洪超：《基于百度指数的山东省滨海旅游网络关注度研究》，《科技和产业》，2020 年第 8 期，第 17-23 页。

征图。从图 8-2 中可看出，山东省重点滨海城市旅游网络关注度季节性分布明显，7 月和 8 月的关注度为峰值，12 月至翌年 1 月的关注度数值在一整年中是最低的，呈倒 V 形。全年旅游旺季时间短。这与山东省滨海旅游的产业结构密切相关。

山东省滨海旅游产品多依赖于自然资源，以自然风光和文化体验为主，缺乏对旅游产品的设计、加工，旅游产品缺少文化要素、科技要素、生态要素，缺少能突破气候影响的知名旅游产品。相对热带、亚热带滨海旅游来讲，山东省滨海旅游的季节性十分明显，所以在研发滨海类旅游产品过程中应强调多元化，注重高精尖旅游产品，规避季节性造成的影响。

2. 滨海旅游产品创新度不足

从目前的发展状况来看，山东省各地市滨海旅游企业开发的滨海旅游产品相似程度较高，滨海旅游产品类型较少，产品创新力度不足，产品开发与消费者需求的结合度有待提高，导致消费者的旅游体验感较差。目前，山东省滨海旅游产品创新进程存在一定的滞后，而产品创新进程缓慢成为滨海旅游产业结构转型的一大阻力，因此应从需求导向出发，立足于滨海旅游业产业结构转型的新方向，加快产品创新与研发进程是山东省滨海旅游业高质量发展的重要方面。

8.2 山东省海洋第三产业的创新路径

8.2.1 海洋交通运输业的创新

1. 整合资源，建设一流港口

港口是基础性、枢纽性设施，是经济发展的重要支撑。山东省港口地处"一带一路"海陆十字交汇点，是新发展格局的"双节点"、RCEP 协定中面向日韩和东盟的"桥头堡"，是沿黄流域最经济便捷的出海口，在"一带一路"建设中有条件、有基础发挥重要的支撑性作用。

为打造世界一流港口，山东省委、省政府强化陆海统筹，整合沿海港口资源，于 2019 年 8 月成立了山东省港口集团，原有青岛、烟台、日照、渤海湾四个港口成为省港口集团全资子公司，推动沿海港口一体化发展。

后期，山东省会根据建设互利共赢的蓝色伙伴关系，深层次参与"一带一路"倡议、区域全面经济伙伴关系（RCEP），拓宽涉海开放合作。利用中国（山东）自由贸易试验区制度创新方面的有利条件，建设中日（青岛）、中韩（威海）地方经济合作示范区，建设中国—上合组织地方经贸合作示范区，注重建设质量，打造上合组织国家针对亚太市场的"出海口"，集中力量拓展海洋经济开放合作空间。推动山东省港口向枢纽港、贸易港、金融港升级，着力建设世界一流的港口。

深入开展智慧港口建设试点，加快自动化码头、智慧管理平台等重点项目建设。完善港口 LNG 加注、岸电标准规范和供应服务体系。建立港口危险货物作业风险清单。健全港口集疏运体系，推进疏港铁路向堆场、码头延伸。推动威海与韩国仁川之间海港空港"四港联动"。实施新一轮港口基础设施提升工程，推进老港区功能调整和老码头升级改造，加快自动化集装箱码头、大型原油码头和LNG码头等专业化码头建设。通过功能置换、业态重塑、生态修复等方式有序推进老港区更新改造。推进烟台海上世界、潍坊综合保税区北区等港产城融合项目。

建设一流港口，要辨清当前的国际形势，抓住"一带一路"的战略机遇，借力RCEP，早谋划、早布局，积极行动，抢抓发展机遇，深挖国家和山东省地方政策红利，主动顺应新格局下的港航业发展要求。深耕日韩，开拓东盟。认识到日韩在山东省港口发展中的重要作用，重视东盟和泛亚太地区商务往来。山东省港口要持续深耕日韩市场，以丰富中日韩合作内容与形式为核心，以畅通东北亚海上快捷物流通道为手段，加快推进区域资源集散型枢纽建设，形成覆盖投资、基建、管理、金融、文旅和配套服务的综合港口运营商。同时，发挥多板块协同优势，拓展在东盟地区的物流资源分配和基础投资布局，探索在东盟地区复制中日韩合作成功模式，打造"端"到"端"全程服务能力。

建设一流港口需要发挥政企合作优势，完成省内港口资源的优化整合。依靠"政府＋平台公司＋头部企业＋社会资源"的资本运作模式，推动山东省域内港口、航运与物流企业共商合作、凝聚合力，在政府部门的指导下，发挥各自优势，优化产业链供应链一体化发展模式，在市场开发、设施共享、服务优化、营商环境等领域开展深度合作，形成风险共担、互利共赢的新局面，提升山东省港航业高质量发展的主动性与积极性。

2. 培育企业，提高服务

积极引进和培育具有较强国内外竞争力的骨干海运企业，提高骨干海运企业在干散货、成品油、原油、化学品等海上运输市场的竞争优势，择机进入集装箱船、汽车运输船、内贸危化品水上运输船等领域，服务国内国际双循环物流体系。

依据"产业引进来、服务走出去"原则，山东省港口应强化

"海外集团＋N"联合发展模式,与当地港口和航运企业合作开展港航基础设施建设,并以此搭建山东省港口境外分销服务网络和业务支点,为海外集货、分拨、打包以及转口贸易货物分拨、中转暂存和派送等延伸业务发展奠定基础。同时,凭借山东省港口现代化管理体系和优秀团队资源优势,总结山东省港口大宗散货、集装箱、油品码头标准化管理经验及配套机制,积极扩大港口管理运营服务输出,打造以基础设施建设布局为骨、以专业港航管理体系为魂的世界一流港口运营商品牌。

聚焦对外贸易的冷链运输需求,大力发展快航运输,强化"集装箱穿梭巴士"物流模式,升级山东省港口快航精品服务,促进冷链、快递等新型跨境物流业务规模扩大,打造面向全国的进口乳品、肉类、水产品等冷链快线集散中心,以创新驱动提升综合服务能级;聚焦中日韩高端设备、精密仪器贸易增长,大力发展甩挂运输,借助 RCEP 贸易便利化政策优势,简化通关程序,降低货物滞港时间,实现物流快速响应,打造中日韩陆海联运通关"零待时"品牌并实现常态化运转,促进国际中转集拼、集装箱船边直提、抵港直装等捷运业务发展,打造航运物流枢纽。

3. 抓住机遇,拓展航线

山东省海洋交通运输业的发展要抢抓国际产业链供应链重构的窗口期,构建东北亚国际航运枢纽中心,以青岛港为龙头,确保产业链供应量平稳,构建中国北方生活消费品分拨中心,和消费者的升级需求相互适应,为区域经济高质量发展提供帮助,打造新的发展格局,为山东省港口的发展尽绵薄之力。

坚持优化航线布局,开辟国际中转通道,扩大海运影响。对内强化青岛港、日照港、烟台港、威海港功能布局与区块联动,对外加强与海丰国际、海陆马士基、山东海运、中联海运等航运公司合作,注重航线开发与市场拓展齐头并进,提升日韩航线海运影响力,提高东南亚航线覆盖率,挖掘泛亚航线物流增长点,常态化开通"中国青岛—德国汉堡"新丝绸之路,推动中国与远东地区合作深化,形成"优势突出、特色鲜明、准时高效、全面覆盖"的多维航线网络体系，同时积极争取国内北方地区沿海捎带政策，为实现"沿海喂给、国际中转"目标奠定基础。

加大国际陆海联运通道开拓力度，打造全程物流服务体系。充分利用 RCEP、自由贸易试验区政策叠加优势，紧紧把握国际多式联运物流服务网络，以港口为核心，主动组织长距离物流运输、海铁联运等现代物流服务，大力发展 RCEP 货物过境至中亚、中东、欧洲海铁联运业务，优化欧亚班列、东亚陆海铁快线、上合快线运营组织，强化以日韩为离港岸，途经山东省港口转运至中亚地区的全程物流建设，研究设立跨境保税物流园区、区域物流中转基地和经贸产业园区，降低物流综合成本，打造日韩、东南亚及澳新航线连接中亚、中欧班列国际陆海通道新方案。

8.2.2 滨海旅游业的创新

1. 摆脱资源依赖，延长海洋旅游价值链

发展海洋文化旅游，需要坚持海陆统筹、城海一体、山海融合，把海洋自然风光与历史文化相结合，着力发展文化体验产品，提升优质文旅产品供给能力和智慧化服务水平。通过文化的提炼和升华，打造特色旅游线路、标志性景区和精品文化体验项目。将海洋文化串珠成线、连片成面，建立滨海—近海—远海；海洋和陆地、海面和海底、室内和室外有机结合的海洋旅游产品体系，促进海洋文旅的融合发展。

主动研发各种产品，例如，房车露营、海洋运动、海洋节会、海洋食品养生、海水康疗、海草房民宿、邮轮游艇等，构建全天候海洋旅游新业态。组织海洋旅游相关的文化场馆建设，通过海洋专题场馆、虚拟现实等方式，全方位开展海洋意识教育。实施海上丝绸之路申遗等重点文化遗产、遗址保护展示工程。

优化布局生态公园、海水浴场、滨海康疗、汽车驿站等休闲度假设施和业态，发展休闲渔业、海洋垂钓、研学旅游、帆船体验、海洋文创等特色产业。建设青岛中国邮轮旅游发展实验区、烟台邮轮始发港以及威海、日照邮轮访问港，发展邮轮项目。举办大型海

上体育赛事和海洋产品展会，培育崂山、刘公岛、蓬莱阁、长岛等休闲度假综合体，健全基础设施建设，提高国家级旅游度假区的层次。结合滨海自然资源和历史文化，打造标志性景区和精品文化项目，努力摆脱气候条件的限制，设计新兴海洋旅游产品和服务，延长海洋旅游价值链。

2. 进行供给侧改革，创新海洋旅游产品

山东省滨海旅游业要实现高质量发展就要推进滨海旅游业向文旅融合方向、科技赋能方向、绿色生态方向转型。山东省滨海旅游产业结构调整的路径选择，应根据"双循环"战略目标了解国内市场和国际市场对滨海旅游的需求，进行供给侧结构性改革，从国内循环层面、内外"双循环"两方面入手，改善产业结构发展中存在的制约因素。

旅游者的性别和年龄段不同，对旅游产品的需求就不同。整合全省资源，打造兼具山海风光、历史文化、艺术美学、温泉康养、海岛休闲、海洋研学等多主题的综合性旅游区域。

打造滨海风景旅游带。实施全域景观美化工程，完善景观游赏设施体系，串联各类滨海景观，打造一批满足观光、休闲、度假需求的休闲度假综合体。推动滨海自驾旅游，加快滨海自驾廊道建设，完善沿海公路两侧绿化、步道、驿站、营地等旅游基础设施。推动国家级旅游度假区的层次不断提高，推进荣成好运角度假区建设国家级旅游度假区，打造长岛国家海洋公园，提升黄河口生态旅游影响力。

打造海岛生态旅游带。推进"齐鲁美丽海岛"建设，实行"一岛一策""一岛一品"，强化长岛和五大岛群的保护，五大岛群指的是烟台岛群、青岛岛群、刘公岛与威海岛群、日照岛群、滨州岛群，构建具备多元化特色的海岛旅游产品，生态观光、休闲度假、文化体验、康体运动等都包含在内。发展休闲渔业，依托海洋牧场，拓展观光、出海捕捞、餐饮住宿、娱乐休闲等功能，打造海上田园综合体。

打造海洋邮轮体验带。游轮是海洋旅游的一颗明珠。在北方地区，青岛属于重要的旅游知名城市以及港口城市，在邮轮经济中占据着有利位置。以青岛中国邮轮旅游发展实验区为重点，与烟台港、威海港、日照港协同，整体打造母港、始发港、停靠港的"一主一备两点"的山东省邮轮旅游体系，支持青岛市建设国家邮轮母港。

打造海洋特色文化旅游带。深度挖掘崂山、蓬莱、成山头、日照等文化含义，开发研学旅游产品，海洋科技文化、海洋国防文化、航海文化、海港文化、海洋历史文化、海洋民俗文化等都是旅游产品的重要内容。加强海洋文创产品开发，加快发展新业态、新模式。

深入挖掘海防文化，加强对红色遗存、海洋民俗等文化遗产保护，推进涉海非物质文化遗产的保护与传承。沿海革命文化遗产兼具"红""蓝"属性，是不可多得的资源。进行山东省海疆沿线全省革命文物和场馆的调查、保护和修复。依托中国海军军事博物馆、甲午战争纪念馆等场所，打造山东省海防旅游带，在休闲旅游的同时培育国民海防意识。

海洋研学旅游是海洋旅游的重要发力点。通过开发海洋生物馆、海洋科技馆等科技普及场馆，打造海洋世界的知识海洋。通过虚拟现实、人工智能等技术的应用提高学习体验的数字化水平，大力发展智慧场馆，让海洋旅游体验更为生动，在玩乐中探寻更多海洋知识。努力打造青少年海洋研学旅游带，抓住青年旅游群体。

3. 整合交通资源，通达旅游出行

便捷的旅行线路需要将公路、铁路、港口和机场等在内的基础设施互联互通。轨道交通、公路、铁路、机场、港口等这些"硬件"之间相互联通、便捷转换，既是人们生产生活的必需，保证了地区经济的正常发展；又是地区的名片和宣传首页，带给游客最直观的体验感受。滨海旅游不同于陆地旅游，海洋交通路线和交通工具是滨海旅游的重要体验环节。在交通线路、交通工具都受限的条件下，只有疏通经络、畅通血脉，打通滨海旅游交通的诸多瓶颈，使旅行交通通达、便捷、高效，才能提升海洋旅游的质量，打造山东省海洋旅游品牌。

　　山东省应借鉴海南等旅游胜地的经验，整合各滨海城市交通资源，做好海陆空交通枢纽的规划和整合，打造山东省滨海旅游综合体，借助信息技术，创造智慧出行的条件。树立山东省滨海旅游整体化、规范化、智慧化的良好形象，用好海洋资源，培育山东省滨海旅游的品牌。

第9章
DIJIUZHANG

▶▶▶

不确定国际环境下促进山东省
海洋产业发展的措施

21世纪是海洋的世纪。2018年习近平总书记在山东考察时提出,"要大力发展海洋经济,科学开发海洋资源,培育海洋优势产业,在山东半岛建立蓝色经济区"。山东省委、省政府根据习近平总书记的要求做出加快建设海洋强省的决策部署,于2018年9月印发了《山东海洋强省建设行动方案》(以下简称《方案》)。这是践行习近平总书记关于海洋强国重要讲话精神的表现。新时代、新起点、新要求,山东是我国海洋大省,构建现代海洋产业体系相对完备,在落实海洋强国的过程中打造海洋强省。山东省在政治环境、经济环境、技术环境等方面优势突出,建设海洋强省也是深化供给侧结构性改革,推动山东省新旧动能转换的重要一步。

近期,中美贸易摩擦对山东省水产品国际贸易、船舶工业、海洋交通运输等产业带来较大影响。远期,不确定的贸易环境会给山东省海洋产业带来结构、科技和国防三方面的压力。

产业结构方面,贸易摩擦使大宗商品的出口受到影响,但服务贸易未受限制,需要海洋经济发展提高第三产业的占比,注重海洋文化交流、海洋旅游、海洋金融服务以及海洋运输等第三产业的创新,增强出口创汇能力。

科技方面,中美贸易摩擦,使先进技术的引进遇到困难。山东省海洋生产总值虽然居全国第二位,但海洋产业结构不尽合理,高科技海洋产业并不成熟。贸易环境的改变,迫切要求山东省海洋产业进行自主创新。

国防方面，不确定的国际形势对山东省海洋强省战略提出新的要求。首先要确保海洋工业的生产能力和自主研发能力。其次，重视"蓝色粮仓"建设，保证粮食安全。

海洋是高质量发展的战略要地，面对当前不确定的国际环境，山东省海洋产业既面临着传统产业的优化升级，又面临着新兴产业的发展和创建，因此快速推进海洋强省建设，加快建设完善的现代海洋产业体系对于如今的山东省势在必行。

9.1　海洋产业升级

相对于江苏、浙江等发达省份，山东省的海洋产业总体实力和其发展存在一定的差距，但是在一些优势产业上，山东省又有更大的发展潜力，在应对海洋产业省际竞争激烈的这个问题上，山东省应该扬长避短，优先发展优势产业，优势产业发展壮大之后带动相对落后产业发展，最终实现均衡发展、齐头并进的局面。与此同时，鼓励威海、烟台以及青岛等市建立国家海洋工程装备及高技术船舶创新中心，帮扶东营建设高端海洋石油装备创新中心，支持青岛、潍坊打造绿色大功率船用发动机生产基地，帮扶滨州、东营、潍坊、烟台等城市构建黄河三角洲国家生态渔业基地。高水平建设"海上粮仓"、国家海洋牧场示范区。充分发挥现有优势，壮大长板以优势带动劣势，最终在与其他省份的竞争中获得优势地位。

9.1.1　海洋传统产业优化升级

山东省的海洋传统产业主要包括船舶制造、海洋渔业、滨海旅游、海洋食品、海洋化工，结合当前的市场发展态势，海洋传统产业需要迈向智能化、网络化以及数字化，主动将新模式、新管理以及新技术应用到传统产业的优化升级过程中。

1. 滨海文化旅游业

不确定的国际环境对滨海旅游业影响很大。在疫情管控背景下，一定要立足国内市场，挖掘国内需求，进行供给端创新，提高产品和服务质量。依托高铁和高速公路建设，打造创建一批国家级旅游度假区和具有地方特色的旅游目的地。开发新型旅游体验产品，将海岛旅游与游轮、游艇、直升机等新型交通载体结合，规划青岛、威海、日照、烟台等地建设游轮相关产业，培育休闲渔业旅游品牌、康养服务经济带等。对外培育文化贸易产品体系，创新性发展艺术品保税仓储交易、新媒体传媒、直播电商等产业，实现海洋文化产品输出。

2. 海洋渔业

山东是海洋渔业大省，其养殖捕捞结构持续优化，质量效益不断提升，为社会提供了丰富的水产品。在建设"蓝色粮仓"、海上牧场的过程中，必须修炼好理念和科技两大内功，逐步摆脱对国外进口技术、装备、设施的依赖，推动以生态、精准、智能、融合为特征的现代化海洋牧场科学有序发展。加大海洋渔业育种研发力度，实施生态养殖工程，有序恢复渔业生态链，保护我国"蓝色粮仓"。

作为全国唯一的现代海洋牧场综合试点省，山东省越来越多的海珍品正在从近岸养殖走向深远海智能装备化的"类野生""原生态"养殖。海洋牧场建设带动了许多产业的迅猛发展，例如，渔业装备制造、水产品精深加工、水产苗种培育、渔业休闲旅游等，推进三产融合，推动海洋经济向质量效益型转变。稳步扩大深远海养殖规模，打造陆基育种、近海驯化、远海养殖、综合加工的深远海绿色养殖新模式。

3. 海洋食品

山东省海洋食品工业主营业务收入连续多年居全国首位，是全省贯彻落实海洋强国建设和经略海洋指示精神的重要着力点，是全省实施动能转换，推动现代海洋"十强"产业升级的重要领域。开发高附加值海洋食品，大力开发海洋保健食品，加强水产品深加工，推动冷链物流建设，探索开展海洋产品期货交易。注重生态保护，保障水产品的源头质量，进行标准化生产，加快建设标准化制度化的海产品监测中心。

4. 船舶制造业

加快构建以国内大循环为主体、国内国际双循环相互促进的新发展格局，要求船舶制造业既要继续深耕海外市场，同时要充分挖掘国内市场，培育新的增长点，优化产品和业务结构，增强企业内生动力，降低外部市场环境带来的冲击。

全球贸易和产业分工格局深刻调整，船舶与海洋工程装备领域中日韩三足鼎立、竞争加剧态势明显；欧美掌握研发、设计和关键配套装备核心技术，产业链"卡脖子"风险上升，供应链安全问题凸显；国际海事组织安全环保新标准新规范不断推出，能源低碳转型趋势明显，产品更新换代步伐加快；原材料价格大幅上涨、人民币升值、劳动力成本持续上升等因素对企业的盈利和生存能力造成严重威胁。同时，全球经济复苏，航运市场恢复，新船订单增长，集装箱船、液化天然气船、浮式生产储卸油装置需求强劲，为产业发展带来新机遇。

山东省船舶制造业实力雄厚但核心技术缺失严重。核心研发设计能力不足，基础共性技术研究不够系统深入，仍以跟随模仿为主，高性能关键零部件或系统依赖进口；省内创新资源分散，协同创新能力不足，产学研用合作互通机制仍不完善；新技术、新材料、新产品产业化应用滞后。产品结构不合理。与江苏、上海等省市相比，高附加值船型较少，缺乏大型集装箱运输船、大型气体运输船等高端船型建造能力；配套产业规模小、产品种类少，关键配套设备与国内外先进水平差距较大。造船效率不高。高端船型设计能力不强，生产制造数字化水平较低，分段总组率不高；设计、制造与生产管理一体化水平较低，全生命周期管理能力薄弱。产业链衔接不畅。省内缺少畅通的产业链上下游协同配套机制，总装建造企业与材料、零部件以及配套企业和航运公司等船东、港口企业衔接不够。人才制约突出。行业吸引力不强，掌握关键技术的专业人员流失严重，战略型人才、复合型工程人才缺乏，招工难、用工贵、留人难的问题突出。

5. 海洋化工

山东省海洋化工业发展迅速但产品结构层次较低。省内海洋化工行业产品主要集中在中低端层次，高端化工新材料严重依赖进口。受疫情影响，化工原料价格大幅上扬，造成企业生产成本激增。要使山东省海洋化工业获得良性发展，需要加大技术改造升级力度，延伸海洋化工产业链，优化海洋化工产业布局和产品结构，打造绿色、集聚、高端海洋化工产业基地。发展精细盐化工，拉长以溴素为原料的阻燃材料、药用中间体等产业链条，打造高端盐化工产业基地。加快研发海水化学资源以及卤水资源的整体开发利用技术，扩大海水提炼钾、溴、镁等系列产品的规模，扩大深加工品规模。支持海藻活性物质国家重点实验室等工程化开发平台建设，加快发展海藻化工产业。打造世界级高端石化产业基地，支持企业产品向产业链高端延伸。

推动海洋新材料研发，着重研发适合海洋开发的无机功能材料、碳纤维材料、防腐新材料、高分子材料、反渗透膜等新材料，提高海洋工程用高端金属材料和高性能高分子材料的本地化配套能力，推动多孔石墨烯吸附材料、可降解油污吸收材料、海洋生物新型功能纺织材料、纤维材料等海洋新材料在环境保护、纺织服装、健康医疗等领域的应用。推进青岛钢研高纳高新材料产业园以及威海石墨烯产业园、碳纤维产业园建设。加大力度升级和改造原有技术，严格落实化工项目进园入区制度。

9.1.2 壮大海洋新兴产业

新兴产业的发展是顺应时代发展和产业变革的新兴力量。当前沿海地区的重大项目、战略性新兴产业均向海洋要空间、要资源。世界各国和国内广东、浙江等海洋大省都对新兴产业发展寄予厚望，山东省也对壮大新兴产业作出具体部署和规划。"十四五"期间，山东省大力研发现代海洋产业体系，发展海洋传统优势产业，高水平构建"海上粮仓"，打造全球居于领先位置的现代船舶制造基地，打造绿色、集聚、高端海洋化工产业基地。培育壮大海洋新兴产业，构建世界领先的现代海工装备制造基地，以及全球一流的海洋生物医药产业集群，构建一批海水淡化示范工程，构建千万千瓦级海上风电基地，拓宽海洋新材料的运用范畴。推进发展现代海洋服务业，构筑多元化的涉海金融服务体系。推动海洋产业与数字经济融合发展，打造山东省海洋立体观测网，构建海洋智能超算平台，国际一流的海洋数据信息产业集群，打造全球海洋大数据中心，发展智慧渔业、港口等"智能＋"海洋产业。以园区为主体，着重发展海洋新兴产业，例如，海洋生物医药、海洋高端装备制造、海水淡化及综合利用、涉海高端服务、海洋新能源材料、海洋环保等，打造具有国际先进水平的海洋新兴产业发展基地。

1. 海洋高端装备制造

《山东省船舶与海洋工程装备产业发展"十四五"规划》提出，未来山东省将重点聚焦特色高端船型、海洋能源装备、船舶与海洋工程配套装备、海洋智能装备、新型海洋工程装备等装备产业。

深海、极地和南海资源开发、海洋权益维护形势日益紧迫，海洋强国、制造强国、交通强国等战略深入实施，对我国海洋高端装备制造业加强科技自立自强、完善产业链供应链体系、全面提升设计建造和管理水平提出了更高要求。

海洋高端装备制造业的发展，重视海洋核心装备国产化，集中力量发展重要技术，促使海洋装备自主化、高端化、集成化。加大科研投入，建立强大的科研团队，实现技术上的突破创新。前沿技术想要真正投入产业化阶段，不能仅仅依靠企业的科创能力，更要依靠整个产业链的协同配合。实施标志性产业链突破工程，深入推进"链长制"，精准延链补链强链，促进产业链上下游更加紧密配套，打造国际一流的海洋高端装备产业集群。

2. 海洋生物医药

山东省海洋生物医药研发能力位居全国前列，产业规模占全国的50％以上，成为宝贵的"蓝色药库"。加大科研力度，重点开发一批具有自主知识产权的海洋创新药物和新型海洋生物制品，培育壮大一批具有较强自主创新能力和市场竞争力的重点企业，建设生物药业产业基地和企业集群，建设国内一流的海洋生物医药创新研制平台。建立"企业＋研究院"前、中、后端对接机制，促进"政产学研金服用"一体统筹。推动海洋生物医药向海洋生物精深加工及高值化利用、海洋创新药物及制剂、生物新材料方向发展，打造国家海洋生物医药产业基地。

山东省海洋生物医药产业的创新发展，一是要培优扶强，做好配套。对重点企业实施"一企一策"，培育"专精特新"，重点支持有产业基础、有创新能力的高成长性企业，支持综合实力强的龙头企业。对中小型潜力股耐心培育，建立相应体制，做好创新配套。二是提质增效，强基固本。建立国家级海洋生物医药科研平台，打造高水平科研创新基地，促进产业技术孵化。努力突破前瞻性基础研究和关键核心共性技术，研制出有重大临床价值的创新成果，树立山东省海洋生物医药的高端品牌。三是育才引智，灵活激励。创新人才培养模式，使人才培养服务于产业需求，将人才培养与产业链和创新链有机结合。省内积极培育海洋生物医药人才的同时，大力引进国内国际优秀人才，并设立有效的创新激励机制，鼓励人才的创新，包容创新的试错，形成良好的创新机制。

3. 海水淡化和利用

山东省海洋资源丰富，海水利用率高，近年海水淡化行业发展已经进入快车道。2020年山东省新增海水淡化工程规模全国第一，占全国新增规模比重超过七成。反渗透技术尤其成熟，占山东省内海水淡化规模的99.15％。山东省提出了实施沿海工业园区"增水"、有居民海岛"供水"、沿海缺水城市"补水"、全产业链协同发展以及科技支撑五大行动，明确了产业发展空间布局、重点项目、保障措施。鼓励和支持对海水淡化和综合利用研究，加快海水淡化设备自主研发能力，建设一批规模化的海水淡化项目和示范区，抓住海水稻发展的有利契机探索海水灌溉农业。

海水淡化的产业链条较长，涉及离子膜、高压泵、压力回收装置的制造、输水管网建设、浓盐水综合利用、饮用水品牌开发等多个环节。山东省通过多年的发展实践，培育了多家膜产品研发、装备制造、淡化水及盐化工产品生产的企业，形成了在海水淡化与综合利用方面的一些优势，积累了海水淡化产业的技术装备和人才，总结了一些经验。

第一，科技支撑，产业协同。充分发挥专家学者的参谋咨询作用，成立了山东海水淡化与综合利用产业专家委员会。积极推动共建山东海水淡化与综合利用产业研究院，致力打造海水淡化产业研发链和产业链。建立产业联盟和"政产学研金服用"的一体化创新平台。加强科研攻关和成果转化。推动海水淡化专用材料以及相关设备的协同发展，促使技术区域产业化。同时还需要鼓励海水淡化等重要技术调研，促使重要装备趋于国产化。建设"高精尖"人才团队，打造海水淡化综合信息大数据平台，发展海水淡化以及综合利用产业。

第二，政策和服务保障到位。一是发改委提高办理项目立项的速度，自然资源部门在国土空间规划中需要结合项目用地的需求；海洋部门或产业主管部门需要编制相应的发展部室，做好监督落实；保障项目用海，市场监管部门引导编制有关标准；财政部门、税务部门、金融部门以及能源部门需要强化企业建设以及发展过程中帮扶政策的调研，落实税收优惠举措；科技、发改、工信、海洋部门等需要攻克产业装备制造在技术合作方面的难题；水利部门在沿海地区水资源统一配置中引进非常规水源，也就是淡化海水；住建部门需要及时推动淡化海水进入城市供水管网。二是减免践行两部制电价的海水淡化用电容量费，海水淡化企业符合规范就可以参与电力市场交易，鼓励发电企业展开水电联产，降低海水淡化成本。淡化海水和市政供水之间存在差价，地方政府可以予以补贴，也可以政府采购，在资金筹集过程中运用政府债券以及基金等手段，对政府以及社会资本合作（PPP）等模式落实组织探究，鼓励风险投资、民间资本以及社会力量等参与到海水淡化中。

4. 海洋新能源新材料

2020 年 9 月，我国明确提出了 2030 年"碳达峰"与 2060 年"碳中和"的目标。山东省能源结构煤炭占比较高，发展绿色可再生能源迫在眉睫。

合理规划海洋能源的开发和利用，优化海洋能源项目布局，积极开发海洋风能、潮汐能、波浪能等能源的综合利用。山东省将以海上风电为主战场，坚持能建尽建原则，以渤中、半岛南、半岛北三大片区为重点，推进海上风电集中连片、深水远岸开发应用示范，打造千万千瓦级海上风电基地和千亿级山东半岛海洋风电装备制造产业基地。

新能源新材料离不开装备制造业的支撑。研发具有自主知识产权的国产化配套装备。推动海洋新材料的研制和开发，提高自主研发能力，培养一批高端制造人才，打造海洋新材料产业集群。

9.2 加快海洋科技创新

分析山东省海洋产业技术"卡脖子"问题产生的深层原因，首先科技支撑能力不足是关键。

山东省科研投入对海洋经济的拉动作用明显偏低，海洋科技对海洋经济的贡献率总体落后于全国平均水平，科技带动能力的减弱又进一步拉低了海洋产业对全省 GDP 的贡献。此外，研发经费占比偏低。海洋科技创新经费中 R&D 投入仅为 43.2%，低于全国平均水平 10.6 个百分点。由于研发资金投入不足，海洋科研资源的规模优势无法有效转化为市场价值和产业优势。

其次，技术研发与产业发展脱节也导致创新成果难以落地。山东省海洋科研实力雄厚，但往往技术成果外流、无法在当地转化。一方面，山东省海洋科研资源主要集中在基础学科领域，在产业化应用方面的研究力量较弱，其承担的项目也主要以国家战略层面为主，涉及企业的横向课题较少，在"载人深潜""海洋人工智能与大数据""深远海科考"等优势领域，其科研成果很难在短期内为当地企业提供切实的技术支持。目前，山东省的海洋科研力量大部分以高校和科研机构为载体，更多的致力于理论研究和更多的原创发现，要改变这种以基础研究为主的格局，把理论和实际结合在一起，加快理论到实际操作的转化。科研人员是科学研究的主体，科研评价机制和人才评价机制对科研的发展方向往往具有重要的导向作用。山东省的海洋科研人员在开展科研活动时，通常对经费申请、论文、影响因子、奖项等考虑较多。要加快科研向经济的转化，就必须加强引导，让从事科学探索的科研工作者们增强主动服务国家战略、市场需求的意识。另一方面，海洋产业链深度不足，产品线不够丰富，上下游企业数量少、规模小。有些关键设备、核心器件的供应仅依靠1～2家企业，难以承接海洋新技术的产业化应用。

党的十八大明确指出，"科技创新是提高社会生产力和综合国力的战略支撑，必须摆在国家发展全局的核心位置"。需要坚定中国特色创新思路，践行创新驱动发展举措。在《山东海洋强省建设行动方案》"十大行动"中排在首位的就是海洋科技创新行动。

9.2.1 推动产业链上的自主创新

由产品技术研发转为产业链技术研发，提升科研投入的产出效率。优秀的海洋高新技术产品不能仅依靠单一技术的突破，而是要依靠全产业链的技术持续更新。山东省拥有众多涉海高校、科研机构和科考平台，应将这些创新平台资源加以整合，组织协同攻关，在山东省构建国家重大科技项目，打造一流的国家海洋重大科技基础设施集群。整合高校、研究所、海洋高科技企业以及国家海洋实验室等科研单位，对海洋产业技术需求和已有科技基础进行系统摸底，摸清山东省海洋产业链、产品链、创新链的潜在风险和堵点。转变以往技术研发相对独立、研发成果无法相互配合的状况，根据梳理的技术风险和堵点，统筹规划产业链中"卡脖子"技术的研发路径，提升技术研发成果在应用上的兼容性和系统性，减少科技产品由于单项性能不佳而造成的短板效应，形成全面、持续、有机结合的技术优势。

9.2.2 鼓励企业的科技创新

积极引导企业走科技型的发展道路，加深"政产学研金服用"

密切合作的创新体系，合理地运用重大技术成果，深度融合产业链以及创业链。践行省级以上企业海洋创新平台增设部署，有实力的涉海企业打造尖端产业创新中心，发展深海技术与装备、生命健康、深海渔业、海洋精细化工等产业，打造研发平台，例如，重点实验室、工程研究中心。

协助企业进行技术的对接，制订有针对性的技术自主化方案。海洋产业门类众多，发展逻辑也各不相同，应根据产业的基础特征、产业的发展阶段，制订最优的技术自主化方案。对于海洋新材料、智慧海洋等有国家战略支撑的技术开发与应用领域，建议依托国家军民融合创新示范区，通过军民融合发展，构建海洋科技"军转民"机制，通过技术共享，缩短企业研发周期。对于海洋生物医药、海洋能源利用等具有一定技术优势、但规模较小的海洋产业，建议重点培育资源调动能力较强的产业链龙头企业，依靠龙头企业在行业内的话语权，形成高新技术产业化应用的协同保障生态，减少创新链和产业链对境外资源的依赖。对于关键技术被锁死的海洋产业，建议通过建立安全库存，防止国外供应链断裂导致的价格波动和产品断供，缓解外部技术垄断压力，在首先保障企业生存的条件下，通过技术改进和经验积累实现自主化生产。

9.2.3 全方位促进科技成果转化

全方位践行山东省推动科技成果转化转移的落实意见等法律条例以及配套举措。支持高校以及科研院所构建专业化技术转移机构，高校、科研院所等获取的科技成果可以组织转让，享有作价投资的自主决策权。结合海洋产业的发展状况展开专题性专利导航调研，为产业发展编制合理举措。

建立科研成果和市场需求之间及时沟通、顺利转化的绿色通道。科研成果转化不顺畅，在落实成果方面还面临巨大的难题。科研成果转化是一项充满复杂性、系统性、风险性的工程，涉及法律、法规、政策、经验、资源和资本等诸多方面。要把科研优势转化为经济优势就必须建立一套完全的转化服务机制，形成良好的技术转化环境。

鼓励企业加大技术的应用，提升海洋科技对产业发展的带动作用。山东省拥有海洋科技的领先优势，但如果没有技术应用的"领先市场"，科技优势就无法转化为产业优势。建议利用山东省在海洋交通运输、海洋牧场以及海洋生物医药等领域的产业基础，开发海洋创新技术在新发展格局下的场景应用，促进技术与市场之间的互动，形成以海洋新技术应用为特征的"领先市场"。培育海洋新技术在"领先市场"中的应用需求。研究制定针对海洋技术应用的激励政策，签署分级资助协议，将目标作为导向，参照企业完成任务的状况，给予差异化的资金鼓励；从政策层面支持企业税费、专利登记审批以及新产品引进，调动技术应用需求。

9.2.4　重视招商引智与人才培养

人才是实现科技创新的第一要素，当前山东省的海洋科技领域缺乏具有前瞻性和国际眼光的战略科学家群体和团队。要加强国内外人才引进，制定人才优惠政策，加强对海洋优秀科技人员的吸引。

根据山东省人才支撑新旧动能转换工作的意见，健全人才培育机制、人才引进以及人才运用机制，保证各个机制的开放性、灵活性，打造在国际上影响力巨大的海洋人才机构。支持涉海"一流大学、一流学科"建设，加大海洋职业技能培训、创新创业培训和企业急需高端技能人才培养，支持职业院校（含技工院校）增设海洋类专业。支持青岛远洋船员职业学院等航海类院校发展壮大，加快高素质船员队伍建设。鼓励和支持社会力量举办非营利性海洋学校。创新引进人才的服务机制，减少外籍高层次海洋人才工作条件限制，构建服务专员制度，为涉海高层次人才提供户籍办理、子女入学、医疗保健等方面的高效便捷服务。加强对山东省本地海洋领域人才的培养、使用和激励。

9.3 建设现代航运港口

2020 年山东省海洋交通运输业实现增加值 1 140 亿元，规模居全国首位，世界一流港口建设有序推进。山东省港口将以"五个国际领先"为抓手，进一步发挥港口基础性、枢纽性功能和经济发展重要支撑作用，积极培育现代航运综合服务体系，全面强化东北亚国际航运枢纽中心地位，在服务和融入新发展格局上走在前列，全力加快建设世界一流的海洋港口。

新时期港口企业要在竞争领域占据有利位置，确保自己的长久性，就需要变革传统的发展模式，主动参与国内外合作、分工，优化升级区域经济结构，在港口梳理资源的进程中需要着重提高企业的内涵，不能单纯运用吞吐量这一评价指标，充实港口产业链体系，研发更多的价值增值业务，协作开发并创建配套服务互动发展的局面，覆盖各个领域，例如，地产、物流、生产、商贸、海运、金融等，推动港口构建多元化现代服务中心。

9.3.1 打造国际物流枢纽

在不确定的国际环境中，打造国际领先的物流枢纽港，是山东省港口的核心竞争力所在。坚持东西双向互济、陆海内外联动，大力增强辐射能力，提升枢纽地位。海向积极拓展，深化总部营销，构建港航合作共同体，促进沿江沿海沿边港口互联互通，提升"两港一航"新内涵；优化航线布局，扩大欧美直达干线密度，打造面向"一带一路"、RCEP 区域优势航线组群，建立"远近洋兼备、干支线衔接"航线网络体系；培育做大国际物流、海外仓、跨境电商等业务，织密全球友好港网络；打造半岛速航、山港快线、油运巴士等航运品牌，培育建成国内一流港口航运企业。陆向打造港、航、关、铁、政、企合作新生态，在重点物流枢纽城市布局内陆港，复制推广"陆海联动、海铁直运"模式。

山东省港口必须整合布局现有的各种优势，在山东半岛蓝色经济区建立时期把握住各种机遇，打造更广大的市场，在整合资源的基础之上不停整合本身实力，做好长远战略计划，明确各产业结构之间的分工与协作，展开海陆、海空、海路铁路等多模式的联运，促进山东半岛港口群经济的稳步推进。

9.3.2　建设智慧绿色港口

打造国际领先的智慧绿色港，树立山东省港口"五个国际领先"的首要目标。山东省港口计划高标准完成"交通强国、智慧港口"建设试点任务，推进省重大科技示范工程技术研发。坚持数字赋能，形成一批能复制、可推广的创新成果，打造国内一流、世界知名的高端装备制造商和智慧港口行业领军企业。加快清洁能源开发应用，实现清洁能源占比、绿色电力占比持续提升。聚力污染防治，率先实现港口"碳达峰"，加快推进"碳中和"。资源节约型、环境友好型社会的建设需要港口改变现有的发展结构和经营模式，港口在经营发展进程中需要从大局出发，重视发展的可持续性。部分资源为可再生资源，需要注意长远部署。部分资源为不可再生资源，需要强化重点保护，确保发展的可持续性。山东省港口要在可持续发展的道路上走在全国前列，大力推动海洋经济的绿色发展，重视老城区的环境优化问题，引进节能减排高效的港口设备，加强对港口内外作业环境的监测和改善。在整合资源的实践中重视国民经济发展的整体格局，确保发展思路的可持续性。

"智慧港口"的含义是有效整合现有的物联网、远程传输网络和数据集成管理，通过全面数字化的手段实现码头的智能监管、智能服务、自动装卸，真正地实现港口智能化。智慧港口就是未来港口的代名词，从出力流汗扛大包的码头工人，到掌握技术、掌握科技的新型码头工人，再到未来全域全流程智能化作业，这是港口生产方式发展的大势所趋、必由之路。

2017 年，全球领先、亚洲首个真正意义上的全自动化码头在青岛港建成；2019 年投入运营的二期工程提出了"氢＋5G"智慧绿色发展模式，面向未来智慧港口的建设山东省港口应该在改革机遇中抓住机会，持续不断地开发利用世界一流的科学技术成果，增强码头生产装备的自动化，生产管理系统的智能化，加快速度促进科技、业务、港口的深度结合，重视人才引进，为全球智慧港口、绿色港口发展贡献更多的"中国方案""中国智慧"与"中国力量"。

9.3.3　推进港城深度融合

港口对腹地经济具有重要的带动作用，处理好经济发展与政府政策的关系，把握城市建设规划的节奏，将港和城深度融合，真正做到你中有我，我中有你，才能达到双赢的效果。持续打造国际领先的产城融合港，不断提升港产城的融合度。加快构建带动力大、贡献度高、竞争力强的港产城融合发展模式，促进港区、园区、城区"三区互融"。深入推进港地协同常态化工作机制，加快推进青岛邮轮母港区、日照海龙湾、烟台海上世界等项目落地。加快建设中国北方生活消费品分拨基地、港航物流中心等项目。以资本合作，不断扩大招商引资规模。支持建设国内一流的产业综合开发和运营服务平台，培育打造行业领先、国内一流的建筑服务商。

9.3.4　打造金融贸易港

打造国际领先的金融贸易港，是山东省港口未来的重点发力领域。山东省港口将发挥港口货物集散中心优势，建设全国领先的大宗商品电子仓单平台。集聚高端航运要素，加快建设东北亚国际船舶交易服务平台。加快金融数字化转型步伐，做优港口供应链金融特色服务。做强多货种、多区域、多业态供应链综合贸易服务，建设油气全链条集采平台和北方船供油综合服务基地。

9.3.5　培育邮轮文旅港

当下新冠肺炎疫情给邮轮文旅产业带来了严重冲击，但山东省有着丰富的自然风光和历史文化资源，应对邮轮文旅产业提前布局和谋划。推进半岛仙境海岸游、近海游、工业游。构建"邮轮＋康养＋文旅"产业发展新格局，开拓新的免税业态，培育发展山东省港口文体赛事品牌，经营好集装箱部落，创建邮轮文旅特色村镇样板，培育打造国内知名的邮轮旅游、滨海文旅综合服务商。加快建设医疗、健康管理、医养三大中心，创建全国一流、港湾特色的医养健康示范窗口。

9.4　重视海洋生态环境保护

近些年，沿海地区海洋产业发展速度和发展水平不断提升，随时之而来的也对生态环境造成破坏，为海洋产业的后续发展留下隐患。《山东海洋强省建设行动方案》中提到，山东省始终关注生态文明建设，打造海洋生态文明制度体系，并且严格落实海洋主体功能区规划，注重海洋生态环境保护等重要工程的统筹发展，利用海洋资源打造美丽海洋城市。

9.4.1　健全海洋生态保护体系

尊重海洋自然规律和属性，管控开发海洋资源环境的承载力的强度和规模，保护海洋生态空间。深化落实海洋主体功能区战略，践行《山东省海洋主体功能区规划》对沿海城市以及县区海洋主体功能定位，对区域规划举措加以完善，管控海域开发时序和强度，打造优质的海洋开发空间格局，与经济社会发展、生态环境、海洋资源相适应。确保遵守全海域生态红线制度。对海洋保护区展开分类管控，加强保护区的标准化建设，监督并管控其生态环境，沿海 7 个城市展开海洋生态文明建设试点，打造海洋生态文明综合试验区、省级以上海洋生态文明示范区、国家级生态保护与建设示范区。

针对重点问题强化预防治理以及规范化管理，构建海洋生态文明强省。做好基于生态系统的海洋综合管理，推进涉海政策制度的构建、落实以及监督，及早编制省海岸带综合保护以及利用整体部署，严谨践行围海填海等管控举措，践行生态红线制度，落实人海污染物总量管控以及差别化环境准入举措，健全海洋生态补偿制度，构建常态化海洋执法监督检查机制。落实一批海洋生态环境治理工程以及行动，例如，蓝色海湾治理、潮间带湿地绿化美化、黄金岸线恢复、浅海海底森林营造、重要河口生态环境修复；生态岛礁工程；渔业资源修复行动；近岸海域污染治理工程；海洋保护区规范化能力建设工程；蓝碳生态系统保护和修复行动；海洋立体监测观测系统优化工程。打造国家级、省级海洋生态文明示范区，保证沿海海洋生态文明示范区覆盖整个地区。

9.4.2　健全陆海污染防治体系

重视陆地和海洋污染的综合治理，陆上和海上水域合作，共同参与环境管理和治理。完善沿海水质指标评估体系和入海污染物总量控制体系。落实"流域—河口—海湾"污染防治联动机制。严格执行江长、湖长制度，从根本上解决陆地污染问题，全面整治入海河流，整顿违法不合理排污口，防止黑臭水入海。全面实施"湾长制"，以控制海湾及其周围环境的水污染。及时编制省、市、县级水产养殖滩涂部署，合理划分禁止养殖区、限制养殖区和养殖区，根据养殖环境容量开展生态养殖。控制沿海水域水产养殖污染，清理沿海城市核心沿海地区海岸线1千米范围内的内筏式水产养殖设备。整顿和控制污染扩散，提高港口码头污染防治能力。实施"岛长制"，开展海洋定点封闭倾倒试点，做好相关研究。

9.4.3　健全资源循环利用体系

坚持绿色、低碳、循环发展，做好海洋环境整治、海洋岸线恢复、海洋生态修复、海洋生物资源养护等工程统筹规划，创新海洋生态经济，确保产业结构以及生产生活方式能够节省资源，保护海洋环境。在沿海地区打造循环经济体系，建立海洋循环经济产业园区。

9.4.4　健全海洋监测体系

提高海洋监测、防灾减灾以及预防预警等基础能力。强化海洋环境监测质量管控以及信息产品开发，促使监测服务管理的成效不断提升。构建预警报警系统以及防御决策系统，应对海浪、绿潮、风暴潮、海冰、溢油、海啸、赤潮以及海洋地质灾害等，编制应急方针，在出现自然灾害以后能够及时应对，建立海洋灾害风险评价制度，评估沿海重大工程的建设工作，科学规划海洋灾害重点防御区，排查环境风险，做好治理工作。提高环境风险防控水平，主要针对的是沿海工业企业及工业园区，在重点区域要排查海洋环境风险源，做好石油炼化、油气储运、核电站等建设防潮堤坝的目的就是保护海洋生态环境，打造山东半岛海洋安全公共服务平台，沿海 7 市需要强化合作，定期展开应急救援演练，重视安全培训工作。

9.5 积极发展海洋文化产业

纵观欧美、日本海洋意识的发展历史可以看出，海洋意识与海洋战略是相辅相成的。山东省具有悠久的文化历史和深厚的文化底蕴，应打造文化高地，强化海洋意识，彰显文化自信，全面提高文化软实力。《山东海洋强省建设行动方案》中指出，截至 2022 年，大致建成全社会"亲海、爱海、知海"格局，在海洋经济中，海洋文化产业发挥着关键的支撑功效，对构建海洋强省有积极意义。

9.5.1 全面增强海洋意识

在全省宣传教育体系中引进海洋文化教育，在教材中融合海洋知识、法律以及相关政策，促使学生的蓝色国土意识、抱团向海意识、海洋环保意识、陆海统筹意识、海洋安全意识等不断提升，打造关心、认识、经略海洋的优良环境。运用灵活的科普手段，向社会开放公共平台。参照"一带一路"倡议、海洋强国、海洋强省构建等举措，借助主流媒体资源以及新业态等宣传海洋知识，向内陆宣传海洋意识。

9.5.2 传承发展海洋文化

深入挖掘山东省海洋文化的内涵，创造山东省海洋传统文化新的价值，支持和鼓励原创性的优秀文艺作品。加强对原近代滨海建筑群、海防遗址、红色遗存、海洋节庆、海洋民俗等文化遗产保护，推进涉海非物质文化遗产的保护和传承，构建海洋文化名片，包含历史技艺、地域个性色彩以及时代内涵。借助高端论坛、展会、节庆、体育赛事等做好山东省海洋文化宣传。加强文化企业孵化器和公共服务平台建设。

9.5.3 建设文化产业集群

科学部署当前的海洋文化产业，借助当前的有利条件构建具备个性化色彩的现代海洋文化产业集群。推动海洋文化融入传统文化产业，打造海洋文化新兴产业。培育一批具有海洋特色县民的新业态、新产品、新企业，打造具有核心竞争力的海洋文化品牌，利用青岛东方影都等各地市原有海洋文化产业，建设文化创新示范基地和文化产业园区。

9.6 开放合作

山东省作为"一带一路"海陆交通的重要节点，应该顺应"一带一路"倡议，积极融入"一带一路"建设，拓展海洋产业发展的空间和领域，优化产业布局和各个领域的务实合作，推进构建全面开放布局，陆海内外联动、东西双向互济、南北对接融合。山东省将围绕构建互利共赢的蓝色伙伴关系，深度融入"一带一路"、区域全面经济伙伴关系（RCEP），拓展涉海开放合作领域。充分发挥中国（山东）自由贸易试验区制度创新优势，高标准推进中日（青岛）、中韩（威海）地方经济合作示范区，高质量建设中国—上合组织地方经贸合作示范区，建设上合组织国家面向亚太市场的"出海口"，着力拓展海洋经济开放合作空间。

9.6.1　打造畅通的对外开放渠道

应积极与东南亚、欧美、澳大利亚等国家和地区港口展开合作，开辟新的国际海洋航线。优化免签政策，吸引更多外国游客来鲁。发挥济南、青岛、烟台、威海等国际航空港作用，增加国际航班路线。积极融入"一带一路"建设，发挥山东省欧亚班列优势，支持多式联运的迅猛发展，和国内国际物流通道相互融合，构建国际区域性现代物流中心。

9.6.2　拓展经济合作领域

加快进出口工作的国际化合作，提高进出口贸易的便利化程度，扩大进出口产业规模。吸引外部有实力的和具有科技创新能力的外资企业来鲁投资，鼓励涉海企业在各个产业领域开展境外投资，积极参与国际化竞争与合作。

2018 年上海合作组织青岛峰会召开，山东省应牢牢把握这一有利契机，进一步提升"好客山东"的国际影响力，打造具有重要影响力的"一带一路"海上支点。

9.6.3　加强科技领域合作

深化和沿海国家涉海高校合作，增加在鲁留学生数量，承担起国际海洋教育培训的职责。和国际海洋组织、国外海洋行业协会等加强沟通和交流，在山东省构建分支机构或研究中心。强化和海外人才的互动以及技术协作，吸引跨国公司、国外专家以及团队等在山东构建技术研发中心，攻克重大科技项目难题。

9.6.4　强化国内区域合作

对接国家战略，和京津冀、长江经济带、粤港澳大湾区、东北振兴、西部大开发、雄安新区等国家战略做好衔接，参与环渤海区域协作，打造沿黄生态经济带，深化和沿黄省份的合作，为中西部各省份发展奠定基础。青岛港是新亚欧大陆桥重要的内陆港，和西安港相互合作，发展"一带一路"一体化的物流供应链。

9.7 创新金融服务

新时期，面对新的国际环境，建立新的现代海洋金融法体系，是优化海洋产业资源配置，推动海洋产业发展的重要手段。建立能促进海洋产业结构优化的金融机制，对建设海洋强省，促进山东省海洋产业发展具有重要意义。

9.7.1 加强区域海洋金融合作

同台化竞争和重复投资是金融行业长期以来的诟病，导致了大量的金融浪费，山东省需要统筹规划、积极引导，建立区域性的海洋金融合作机制，合理布局，整合山东省内海洋金融业发展，以防止海洋金融的无序竞争。

9.7.2 创新投融资服务机制

构建现代海洋产业基金，充分利用有关引导基金的功效，比如蓝色经济区产业投资基金、"海上粮仓"，鼓励海洋科技创新，发展新型产业，支持社会资本建设涉海金融机构，如果金融机构实力强大，可以设置海洋经济金融服务事业部、服务中心或者特色专营机构。处理好海域、无居民海岛使用权，保证在建船舶、远洋船舶等抵押贷款业务的顺畅进行。如果涉海企业具有强大实力，可以参与境内外资本市场交易，推进航运险、海洋环境责任险以及滨海旅游险的发展。

9.7.3 健全风险管理和强化金融监管

海洋产业具有高风险、不确定的特点，需要金融机构通过市场化的手段，创新担保机制，改善客户管理机制等方式来完善风险管理机制。同时，要实施透明有效的金融监管措施，建立严格的监管框架和标准，通过严格的审计对海洋信贷进行评估。

人类的生存和发展离不开海洋这一资源，发达国家十分注重海洋资源，人类社会的姿态随之改变，海洋成为国际竞争的关键领域，特别是基于高新技术的经济竞争。现代海洋渔业、滨海旅游业、海洋石油工业、海洋交通运输业是海洋领域的四大支柱产业，全球的海洋产业结构不断变化，自然资源消耗型转变为技术密集型、资金密集型，海洋经济逐步转变为全球经济新的增长点。

海洋兴则山东兴，海洋强和山东强。根据习近平总书记的指示，山东省需要格外重视经略海洋，充分利用自己的有利条件，发展海洋经济，打造世界一流海洋港口，完善现代海洋产业体系，保障海洋生态环境发展的持续性，为构建海洋强国奠定基础，贡献自己的力量。山东省在建设海洋强省的过程中强调高质量发展海洋经济。"十三五"期间，山东省海洋经济的综合实力在全国居于前列，发展势头良好。

然而发展道路并不是那么一帆风顺。中美贸易摩擦本质上是美国对中国经济发展的遏制，有针对性地打击中国的薄弱环节——科技依赖。在此环境下，实现山东海洋强省只能依靠海洋产业的自主创新。自主创新的两条途径，一是政府扶持、政策创新、金融配套；二是加速对外合作、招商引智。

在全球竞争中，应树立危机意识，做好国际贸易环境更加恶劣的准备。在山东省海洋产业结构调整中，不能照搬发达国家的做法，而是通过科技合作和自主创新发展海洋工业。同时考虑国防要求，在发展港口建设、船舶制造、海洋空间利用等方面进行军民共享。

面对不确定的国际环境，海洋经济可充分发挥作为国内国际双循环新发展格局的重要支撑作用，发挥山东省优势，通过产品和服务的不断创新，提升山东省海洋产业在全球价值链中的竞争力。

参考文献
REFERENCES

《中国自然资源报》报社，2020. 海洋经济运行总体平稳发展之路稳步提升
　　——《2019年中国海洋经济统计公报》解读［J］．辽宁自然资源（5）：
　　20-21.

安金明，2007. 产业创新的层次性与影响因素研究［J］．企业技术进步
　　（11）：23-24.

曹艳，2020. 双轮驱动，海洋经济融入"双循环"［N］．中国自然资源报，
　　2020-12-08.

晁敏，2018. 海州湾生态环境与生物资源［M］．北京：中国农业出版社．

陈朝宗，2017. 战略福建［M］．福州：福建人民出版社．

陈凡兵，2008. 基于耗散结构的产业创新系统运行机制与评价研究［D］．长
　　沙：中南大学．

陈国庆，2002. 衰退产业论［M］．南京：南京大学出版社．

陈君，2018. 江苏沿海地区经济发展途径浅析［J］．水利经济（3）：1-5，15.

陈可文，2003. 中国海洋经济学［M］．北京：海洋出版社．

陈明慧，2018. 海洋经济亟需下活"一盘棋"［N］．新华日报，2018-04-22.

陈水胜，2019. 广东省海洋生物育种存在的问题及对策［J］．现代农业科技
　　（15）：215-216.

陈玉荣，2018. 蓝色跨越：中国海洋强国的生态逻辑［M］．北京：中国水利
　　水电出版社．

崔凤，2015. 海洋发展与沿海社会变迁［M］．北京：社会科学文献出版社．

丁金强，王熙杰，孙利元，等，2020. 山东省海洋牧场建设探索与实践［J］．
　　中国水产（1）：40-43.

丁俊发，2015. 中国供应链管理蓝皮书2015［M］．北京：中国财富出版社．

董增川，2018. "特色小镇"的江苏实践首届江苏省MBA案例大赛成果汇编

[M]．南京：河海大学出版社．

杜小军，2010．长崎传习与日本近代海军的初创 [J]．外国问题研究（3）：
44-49．

杜杨，2020．山东建"蓝色药库"培育"独角兽" [N]．经济导报，2020-
11-30．

段世德，2019．中美贸易利益分配评估研究 [M]．北京：人民出版社．

樊茂清，黄薇，2016．基于国家间投入产出模型的全球价值链分解方法：拓
展与应用 [J]．南开经济研究（3）：75-89．

房广亮，青岛海关服务海洋经济发展研究课题组，2021．山东省外向型海洋
渔业发展现状与对策分析 [J]．中国市场（7）：53-55．

冯海波，2020．广东加快发展海洋六大产业 [N]．广东科技报，2020-01-03．

高怡冰，林平凡，2010．产业集群创新与升级以广东产业集群发展为例 [M]．
广州：华南理工大学出版社．

龚苏宁，2018．中国旅游地产开发模式创新研究 [M]．南京：东南大学出
版社．

顾春，2017．《海国图志》与日本 [J]．河北民族师范学院学报（3）：45-54．

管顺丰，徐文广，祁华清，2005．产业创新理论研究与实证分析 [M]．武
汉：湖北人民出版社．

广东省社会科学院海洋经济研究中心课题组，2014．广东省海洋与渔业保护
区可持续发展研究报告 [J]．新经济（28）：67-75．

广东省自然资源厅，2019．《广东省加快发展海洋六大产业行动方案（2019—
2021 年）》政策解读 [EB/OL]．http：//nr. gd. gov. cn/zwgknew/tzgg/tz/
content/post _ 2792879. html．

郭静，2018．省委、省政府印发《山东海洋强省建设行动方案》[N]．大众日
报，2018-05-12．

郭佩芳，石洪源，2014．话说中国海洋国土 [M]．广州：广东经济出版社．

国家发展和改革委员会，自然资源部，2019．中国海洋经济发展报告 [M]．
北京：海洋出版社．

国务院发展研究中心国际技术经济研究所，2019．世界前沿技术发展报告
2019．[M]．北京：电子工业出版社．

韩立民，2015．山东海洋经济发展研究 [M]．青岛：中国海洋大学出版社．

韩世康，2017．浅析 16 世纪后半叶英国海盗盛行的原因 [J]．特立学刊
（5）：85-88．

韩宗珠，艾丽娜，2018. 海洋矿产产业发展现状与前景研究［M］. 广州：广东经济出版社．

胡鞍钢，周绍杰，鄢一龙，2020. "十四五"大战略与2035远景［M］. 北京：东方出版社．

胡红江，2012. 中国海洋盐业现状、发展趋势以及面临的挑战［J］. 海洋经济（4）：35-39．

胡红江，2013. 盐业耕耘集［M］. 北京：中国轻工业出版社．

胡章喜，2011. 城市轨道交通行业价值链演化趋势与STEDI咨询业务升级路径研究［D］. 上海：复旦大学．

纪晶华，刘继伟，赵春燕，2012. 科技创新与吉林省新兴优势产业发展研究［M］. 长春：吉林大学出版社．

简晓彬，2019. 装备制造业的集群式创新与区域联动［M］. 北京：经济管理出版社．

江苏省发展和改革委，江苏省海洋与渔业局，2017. 江苏省"十三五"海洋事业发展规划［EB/OL］http：//zrzy. jiangsu. gov. cn/gtapp/nrglIndex. action? type=2&messageID=6078794.

蒋纳，2011. 基于全球价值链的我国加工贸易升级路径探讨［D］. 苏州：苏州大学．

金碚，2013. 全球竞争格局变化与中国产业发展［M］. 北京：经济管理出版社．

孔冬冬，2015. 山东省海洋资源开发模式战略转型研究［D］. 青岛：中国海洋大学．

寇亚辉，2004. 城市核心竞争力论［D］. 成都：四川大学．

寇亚明，2006. 全球供应链：国际经济合作新格局［M］. 北京：中国经济出版社．

李保红，2010. ICT创新经济学［M］. 北京：北京邮电大学出版社．

李国旺，2013. 智本创新论：先行产业与金融创新［M］. 北京：中国经济出版社．

李辉，姚丹，郭丽，2013. 国际直接投资与跨国公司［M］. 北京：电子工业出版社．

李景光，2014. 国外海洋管理与执法体制［M］. 北京：海洋出版社．

李军，2009. 基于技术预见的产业创新系统建设与运行研究［D］. 青岛：青岛科技大学．

李庆东，2008. 产业创新系统协同演化理论与绩效评价方法研究［D］. 长春：吉林大学.

李盛茂，2019. 莎士比亚的《亨利五世》：网球与外交［J］. 赤峰学院学报（哲学社会科学版）（2）：78-81.

李筱笛，2019. 浅谈中小型产业如何创新［J］. 中国制笔（1）：27-38.

李易珊，2020.《广东省加快发展海洋六大产业行动方案》提出目标：打造超千亿级产业集群［J］. 海洋与渔业（1）：20-21.

李战军，丁金强，纪云龙，等，2019. 山东省海洋牧场建设现状及发展建议［J］. 齐鲁渔业（10）：50-52.

梁双陆，2017. 为赶超构建自我发展能力以西部为例［M］. 北京：中国社会科学出版社.

林红，2019. 创新驱动战略与广东新兴产业发展［M］. 广州：广东人民出版社.

林季红，2008. 国际生产非一体化论析［J］. 厦门大学学报（哲学社会科学版）（5）：19-25.

林香红，2021. 国际海洋经济发展的新动向及建议［J］. 太平洋学报（9）：54-66.

刘德海，2018. 推进"两聚一高"新实践建设强富美高新江苏江苏省社科联决策咨询成果选编 2017 版［M］. 北京：中国社会科学出版社.

刘丁有，2016. 装备制造企业增强自主创新能力路径与模式选择以陕西省规模以上企业为研究重点［M］. 北京：经济科学出版社.

刘洁，2021. 剑指全球水产种质资源引进中转基地［N］. 烟台日报，2021-04-27.

刘金萍，柠语，2016. 美日韩等国是如何发展海洋意识教育的［J］. 海洋世界（9）：6-9.

刘磊，王晓彤，2020. 论特朗普政府的新海洋政策——基于特朗普与奥巴马两份行政令的比较研究［J］. 边界与海洋研究（1）：85-98.

刘雅君，2021."一带一路"倡议对中国海洋经济发展的影响效应评估［J］. 改革（2）：106-117.

刘志彪，2020. 教材产业经济学 第 2 版［M］. 北京：机械工业出版社.

刘中伟，2015. 东亚服务生产网络的演进与变迁——基于全球价值链的视角［J］. 辽宁大学学报（哲学社会科学版）（4）：185-192.

柳丝，2021. 以"美国优先"为名的"丛林法则"［N］. 玉林日报，2021-

09-03.

卢焱群，2004. 高新技术产业增长极机理研究［D］. 武汉：武汉理工大学.

陆根尧，2011. 产业集群自主创新：能力，模式与对策［M］. 北京：经济科学出版社.

陆根尧，曹林红，2017. 沿海省域海洋经济发展及其对经济增长贡献的比较研究［J］. 浙江理工大学学报（社会科学版）（2）：91-97.

陆根尧，赵雪阳，曹林红，2017. 海洋产业创新能力模式与对策研究以浙江省为例［M］. 北京：经济科学出版社.

陆国庆，2002. 衰退产业论［M］. 南京：南京大学出版社.

陆国庆，2002. 衰退产业中企业创新的方向与路径［J］. 中国工业经济（9）：57-63.

陆国庆，2003. 产业创新的动力源和风险分析［J］. 广西经济管理干部学院学报（2）：38-42.

陆国庆，2011. 战略性新兴产业支撑体系的构建［J］. 重庆社会科学（7）：29-35.

陆立军，杨海军，2005. 海洋宁波：海洋经济强市建设研究［M］. 北京：中国经济出版社.

栾小惠，2019. 王文琪：蓝色海洋的从容牧者［J］. 走向世界（1）：26-29.

吕越，尉亚宁，2019. 破解全球价值链下"低端锁定"困局［N］. 中国社会科学报，2019-09-18.

门浩，2016. 资源环境约束下山东蓝色经济区海洋主导产业选择研究［D］. 青岛：中国海洋大学.

孟凡明，2019. 美国"海洋自由"政策的由来、本质及应对策略［J］. 领导科学（14）：122-124.

潘安，2018. 伊丽莎白一世的外交政策［J］. 当代教育实践与教学研究（电子版）（6）：224.

潘福林，于焱，2013. 汽车零部件产业创新机理及系统绩效评价方法研究［M］. 北京：中国财富出版社.

任淑华，2011. 海洋产业经济学［M］. 北京：北京大学出版社.

芮明杰，2019. 产业创新理论与实践［M］. 上海：上海财经大学出版社.

芮明杰，张琰，2009. 产业创新战略［M］. 上海：上海财经大学出版社.

山东省人民政府，2018. 山东省人民政府关于印发山东省新旧动能转换重大工程实施规划的通知［EB/OL］. http：//www. shandong. gov. cn/art/

2018/2/22/art _ 2267 _ 18179. html.

邵燕敏，杨晓光，2018. 贸易战背景下我国对外直接投资的态势分析［J］. 科技促进发展（11）：1072-1080.

沈金生，姚淑静，2015. 我国传统海洋优势产业技术创新驱动能力研究［J］. 中国渔业经济（1）：5-10.

石峰，兰洪超，2020. 基于百度指数的山东省滨海旅游网络关注度研究［J］. 科技和产业（8）：17-23.

石莉，林绍花，吴克勤，2011. 美国海洋问题研究［M］. 北京：海洋出版社.

舒元，2017. 六众之路［M］. 广州：中山大学出版社.

帅学明，朱坚真，2009. 海洋综合管理概论［M］. 北京：经济科学出版社.

宋欣茹，2006. 庄河市海洋产业空间布局研究［D］. 大连：辽宁师范大学.

孙冰，李颖，2005. 海洋经济学［M］. 哈尔滨：哈尔滨工程大学出版社.

涂颖清，2010. 全球价值链下中国制造业升级研究［D］. 上海：复旦大学.

完世伟，2007. 创新我国产业发展模式的分析与思考［C］//坚持科学发展构建和谐社会——全国社科院系统邓小平理论研究中心第十二届年会暨理论研讨会论文集.

王纯，刘莹，2012. 国际会计 第2版［M］. 上海：上海财经大学出版社.

王凡，2018. 把海洋科技优势转化为经济优势［N］. 大众日报，2018-04-25.

王海源，2015. 中国软件服务外包产业升级研究［M］. 北京：中国社会科学出版社.

王金奎，2009. 我国远洋渔业的国际合作与风险分析［J］. 对外经贸实务（3）：32-34.

王克岭，罗斌，吴东，等，2013. 全球价值链治理模式演进的影响因素研究［J］. 产业经济研究（4）：14-20，58.

王宁，2008. 辽东半岛海洋经济区海洋产业集群研究［D］. 大连：辽宁师范大学.

王庆五，吴先满，2017. 2017江苏经济发展分析与展望 2017版［M］. 北京：社会科学文献出版社.

王亚男，2018. 电子商务与县域特色产业创新联动机制研究［D］. 石家庄：河北经贸大学.

王亚楠，2020. 海洋强省建设 山东乘风破浪［N］. 大众日报，2020-12-01.

王亚楠，2021. 向海取水 山东海水淡化步入快车道［N］. 大众日报，2021-

02-23.

王志文，2019.“十四五”浙江海洋经济发展思考［J］.浙江经济（24）：46-47.

魏保志，于智勇，2018.新旧动能转换新引擎海洋产业专利导航［M］.北京：知识产权出版社.

魏伟，2019.面朝大海，文化多点开花［J］.走向世界（1）：38-41.

文艳，张兰婷，倪国江，2021.山东省打造海洋高质量发展战略要地的路径探讨［C］//海洋开发与管理第二届学术会议.

吴江，2014.科技创新与产业转型研究［M］.北京：经济管理出版社.

武迎春，汪桂霞，2009.我国产业创新的思路与政策研究［J］.黄河科技大学学报（6）：98-101.

喜崇彬，2021.RCEP给我国物流服务和物流装备行业带来的机遇［J］.物流技术与应用（2）：60-62.

肖芳，宋弢让，2017.海洋科研优势落地“生金”［N］.大众日报，2017-12-06.

肖国圣，2006.我国海洋生态产业发展的对策研究［D］.青岛：中国石油大学.

谢耀辉，2014.日本太平洋战争失败原因研究——以战时经济为中心［D］.上海：上海师范大学.

邢利民，2012.资源型地区经济转型的内生增长研究［D］.太原：山西财经大学.

邢文秀，刘大海，朱玉雯，等，2019.美国海洋经济发展现状、产业分布与趋势判断［J］.中国国土资源经济（8）：23-32，38.

徐质斌，牛福增，2003.海洋经济学教程［M］.北京：经济科学出版社.

许晖，2011.国际企业管理［M］.北京：中国人民大学出版社.

燕雨林，2009.战略产业与产业战略：全球金融危机下的广东应对［M］.广州：广东经济出版社.

杨翠红，田开兰，高翔，等，2020.全球价值链研究综述及前景展望［J］.系统工程理论与实践（8）：1961-1976.

杨坚，2013.山东海洋产业转型升级研究［D］.兰州：兰州大学.

杨燕青，刘昕，葛劲峰，2020.全球价值链重塑中的中国应对政策组合［N］.第一财经日报，2020-07-13.

杨瑜，2006.中国铁路产业创新系统研究［D］.北京：北京交通大学.

姚淑静，2015. 我国传统海洋优势产业技术创新能力研究［D］. 青岛：中国海洋大学.

佚名，2020.2022 年，山东海水淡化日产能超百万吨［N］. 青岛财经日报，2020-08-18.

佚名，2020. 山东五大海洋产业规模全国第一［N］. 青岛财经日报，2020-12-01.

佚名，2020. 王一鸣：从长期大势把握当前形势统筹短期应对和中长期发展［J］. 山东经济战略研究（9）：31-34.

由俊生，王双，2014. 近现代日本海洋经济发展的脉络及对我国的启示［J］. 海南大学学报（人文社会科学版）（6）：36-41.

余淼杰，金洋，刘亚琳，2018. 中美贸易摩擦的缘起与对策——一个文献综述［J］. 长安大学学报：社会科学版（5）：42-47.

张鸿雁，2011. 全球城市价值链理论建构与实践创新论——强可持续发展的中国城市化理论重构战略［J］. 社会科学（10）：69-77.

张建红，蒋宏大，2016. 哈克鲁伊特：将世界呈现给英格兰——哈克鲁伊特的海洋书写与英国海洋意识［J］. 中国海洋大学学报（社会科学版）（3）：42-49.

张经纬，2009. 对 20 世纪 30 年代初期日本经济危机的再认识［J］. 史学理论研究（2）：8-14.

张开城，徐以国，乔俊果，2017. 中国蓝色产业带建设［M］. 北京：海洋出版社.

张灵杰，2001. 美国海岸带综合管理及其对我国的借鉴意义［J］. 世界地理研究（2）：42-48.

张秋华，2007. 东海区渔业资源及其可持续利用［M］. 上海：复旦大学出版社.

张璇，2017. 战略性新兴产业持续创新能力研究［M］. 武汉：湖北人民出版社.

张耀光，刘锴，王圣云，等，2016. 中国和美国海洋经济与海洋产业结构特征对比——基于海洋 GDP 中国超过美国的实证分析［J］. 地理科学（11）：1614-1621.

张兆龙，2012. 全球化背景下我国体育用品制造产业集群发展的对策与建议——基于全球价值链视角的分析［J］. 安徽体育科技（4）：3-7.

章文，刘艳杰，2019. 青青之岛 共融共赢［N］. 光明日报，2019-04-04.

赵玉焕，2019. 国际贸易与气候变化理论与实证［M］. 北京：对外经济贸易大学出版社.

浙江省人民政府，2021. 浙江省人民政府关于印发浙江省海洋经济发展"十四五"规划的通知［EB/OL］. https：//www. zj. gov. cn/art/2021/6/4/art_1229505857_2301550. html.

郑贵斌，2018. 深刻认识海洋是高质量发展战略要地［N］. 中国海洋报，2018-03-15.

周达军，崔旺来，2011. 浙江海洋产业发展研究［M］. 北京：海洋出版社.

周福君，2007. 我国沿海地区陆海产业联动发展研究［D］. 杭州：浙江工商大学.

周任重，2013. 纵向结构与企业创新激励基于全球价值链的视角［M］. 北京：经济科学出版社.

朱芳阳，张小强，2011. 广西北部湾物流与经济发展研究［M］. 镇江：江苏大学出版社.

朱念，朱芳阳，2011. 北部湾经济区海洋产业转型升级对策探析［J］. 海洋经济（6）：40-44.

卓朝兴，2020. 发展海洋相关产业"湛江元素"抢眼［N］. 湛江晚报，2020-01-06.

左学金，2011. 世界城市空间转型与产业转型比较研究［M］. 北京：社会科学文献出版社.

后记
POSTSCRIPT

　　本书的写作从 2019 年立题至 2022 年交稿，历经三年。这三年国际环境的跌宕起伏，犹如历史舞台上掀开了百年巨变的篇章。我们的团队查找资料、开展调研，学习前人的研究成果，看到了海洋大国的强国之路，看到了海洋意识与海洋经济的相伴共生，看到了海洋强国战略下海洋经济的奋发图强。我们把这些记录下来，以供读者翻阅。由于笔者知识水平有限，书中难免存在疏漏和不足，敬请广大读者批评指正。

　　感谢山东省社会科学规划基金的支持，感谢学校及同事的帮助，感谢前辈们的研究积累，感谢桑雪、于欣雨、孙哲等团队成员的共同努力。

赖媛媛

2022 年 8 月

图书在版编目（CIP）数据

新国际环境下的山东省海洋产业发展策略研究 / 赖媛媛著 . —北京：中国农业出版社，2022.12
ISBN 978-7-109-30363-8

Ⅰ.①新… Ⅱ.①赖… Ⅲ.①海洋开发-产业发展-发展战略-研究-山东 Ⅳ.①P74

中国国家版本馆 CIP 数据核字（2023）第 014882 号

中国农业出版社出版
地址：北京市朝阳区麦子店街 18 号楼
邮编：100125
责任编辑：姚　佳　　文字编辑：王佳欣
版式设计：王　晨　　责任校对：吴丽婷
印刷：北京印刷集团有限责任公司
版次：2022 年 12 月第 1 版
印次：2022 年 12 月北京第 1 次印刷
发行：新华书店北京发行所
开本：880mm×1230mm　1/32
印张：7
字数：195 千字
定价：68.00 元